海洋信息理论与技术系列图书

海洋探测技术实践

The Acquisition Technology of Marine Information

主　编　张　敏
副主编　赵万龙　刘爱军
主　审　刘功亮

哈爾濱工業大學出版社
HARBIN INSTITUTE OF TECHNOLOGY PRESS

内 容 简 介

本书以真实的海洋信息观测网为背景，围绕海洋传感器观测、海洋信息传输、海洋数据处理、人机交互几个环节进行介绍，涉及组网观测、数据通信、信号处理、硬件设计、软件编程、机械结构设计等方面知识。全书共6章，内容包括海洋探测技术基础、海洋环境探测技术、海洋通信技术、数据处理技术、海洋数据人机交互技术、海洋探测技术综合应用。

本书可作为高等院校电子工程、通信工程、工业自动化、计算机应用技术、船舶工程和仪器仪表等专业高年级本科生和研究生的综合训练教材及实验指导书，也可作为相关专业技术人员的自学参考书。

图书在版编目（CIP）数据

海洋探测技术实践/张敏主编.—哈尔滨：哈尔滨工业大学出版社，2022.4

ISBN 978-7-5603-9773-3

Ⅰ.①海… Ⅱ.①张… Ⅲ.①海洋调查 Ⅳ.①P714

中国版本图书馆 CIP 数据核字（2021）第216472号

策划编辑　许雅莹
责任编辑　周一瞳
封面设计　刘长友
出版发行　哈尔滨工业大学出版社
社　　址　哈尔滨市南岗区复华四道街10号　邮编150006
传　　真　0451-86414749
网　　址　http://hitpress.hit.edu.cn
印　　刷　哈尔滨市工大节能印刷厂
开　　本　787mm×1092mm　1/16　印张11.25　字数267千字
版　　次　2022年4月第1版　2022年4月第1次印刷
书　　号　ISBN 978-7-5603-9773-3
定　　价　28.00元

前　　言

21 世纪是海洋的世纪。我国是拥有 300 万 km^2 主张管辖海域、1.8 万 km 大陆海岸线的海洋大国。海洋工程是《新一代人工智能发展规划》和《中国制造 2025》规划的重点发展领域,海洋技术是提升国家经济实力的重要技术手段。我们应坚持陆海统筹,加快建设海洋强国。壮大海洋经济、加强海洋资源环境保护、维护海洋权益事关国家安全和长远发展。

在当前高等教育"新工科""双一流"建设的时代背景下,海洋信息工程专业是海洋工程一个学科分支,需要新的具有前沿性和学科交叉性的课程内容。本书就是为满足以上这些需求而编写的,本书内容能够填补国内海洋信息实验教学方面的空白。

本书对真实的海洋探测技术平台的关键技术进行了简化、抽取和凝练,利用物联网、电子、通信、信号处理、机械、人工智能多种知识相互融合来构建海洋探测平台,实现了知识交叉化的海洋信息平台案例。工程技术人员经过对本书的学习后,会加强算法、电子线路、软件编程、电子线路、操作系统、传感器、互联网等方面知识,增加对海洋探测技术的了解和认识,提升关于海洋电子信息产品的设计与开发能力。

本书的编写突出了学科交叉,在学科方向上将通信工程、海洋科学、计算机技术、仪器科学与技术多个学科融合;在内容上交叉融合了物理学、地理学、计算机科学、光学、声学、信息与信号处理、通信原理、环境科学与探测技术等学科;在教材案例中将软件设计、工程实现、硬件调试有机的结合在一起,实现工程上软硬件协同开发调试;在案例工具的使用方面将电子、机械所对应的开发软件,电子焊接设备、3D 打印机、激光切割机、数控机床等多种设备融合使用，突出实际工程中多种软件协同作用，最终实现海洋信息类工程项目。

本书由张敏任主编，赵万龙、刘爱军任副主编，刘功亮任主审。第1、5、6章由张敏编写，第2、3章由赵万龙编写，第4章由刘爱军编写。此外，研究生王廷煜、张国耀同学参与了本书图和公式的编写，其他同学也做了很多前期工作，在此一并表示感谢！特别感谢南京润众科技有限公司赵瑞的技术支持。

限于编者水平，书中难免存在疏漏和不足之处，欢迎广大读者批评指正。

编　者

2021年12月

哈尔滨工业大学(威海)

目　录

第1章　海洋探测技术基础 ······ 1

1.1　海水特性 ······ 1

1.2　海洋探测技术简介 ······ 11

1.3　海洋探测技术实验平台 ······ 20

1.4　海水中电磁波传输特性分析 ······ 23

1.5　海水探测设计要点 ······ 28

本章参考文献 ······ 38

第2章　海洋环境探测技术 ······ 39

2.1　LoRa无线网 ······ 39

2.2　其他无线网 ······ 45

2.3　水下压力深度、温度测量实验 ······ 47

2.4　基于电导电极的海水电导率、盐度测量实验 ······ 52

2.5　基于pH复合电极的酸碱度测量实验 ······ 58

2.6　海洋风力测量实验 ······ 64

2.7　海洋雨量测量实验 ······ 70

2.8　基于GPS+北斗双模模块海洋空间定位 ······ 74

本章参考文献 ······ 84

第3章　海洋通信技术 ······ 85

3.1　水下激光通信实现 ······ 85

3.2　水下声波传输实验 ······ 86

3.3　光导纤维信号传输 ······ 90

3.4　射频信号传输 ······ 98

3.5　基带信号传输编码 ······ 99

本章参考文献 …… 103

第 4 章　数据处理技术 …… 104

4.1　基于 ARM 平台设计开发 …… 104
4.2　DSP 平台设计开发 …… 106
4.3　FPGA 平台设计开发 …… 112
4.4　信道估计与均衡 …… 119
4.5　信号检测与提取 …… 122
本章参考文献 …… 126

第 5 章　海洋数据人机交互技术 …… 128

5.1　基于 Visual Studio 的海洋雷达数据观测 …… 128
5.2　基于 Labview 的海洋测控界面编写 …… 130
5.3　基于 Python 的海洋测控界面编写 …… 135
5.4　基于 OLED 的海洋测控界面编写 …… 136
本章参考文献 …… 137

第 6 章　海洋探测技术综合应用 …… 138

6.1　基于 CMOS 图像传感器的水下环境监测实验 …… 138
6.2　基于神经网络鱼群识别 …… 146
6.3　多传感器海水温度测量 …… 149
6.4　海洋环境判断与感知 …… 153
6.5　基于 9 轴惯导的船舶状态监测实验 …… 154
6.6　基于激光测距的船只避障监测实验 …… 163
6.7　基于激光雷达的水面船舶航迹监测实验 …… 168
本章参考文献 …… 173

第 1 章　海洋探测技术基础

1.1　海 水 特 性

海水是海中或来自海中的水。海水是陆地上淡水的来源和气候的调节器，世界海洋每年蒸发的淡水中，90% 通过降雨返回海洋，10% 变为雨雪落在大地后又顺河流返回海洋。

1.1.1　海水物理化学特性

1.化学组成

海水是名副其实的液体矿产，平均每立方千米的海水中有 3 570 万 t 的矿物质。世界上已知的 100 多种元素中，有 80% 的成分可以在海水中找到。

海水中的成分可以划分为以下五大类。

(1) 主要成分。

主要成分(大量、常量元素) 指海水中浓度大于 1 mg/kg 的成分，属于此类的阳离子有钠离子、钾离子、钙离子、镁离子及锶离子，阴离子有氯离子、硫酸根离子、溴离子、碳酸氢根离子、碳酸根离子及氟离子，还有以分子形式存在的硼酸，它们的总和占据海水盐分的 99.99%。由于这些成分在海水中的含量较大，各成分的浓度比例近似恒定，生物活动和总盐度变化对其影响不大，因此称为保守元素。海水中的硅含量有时也大于1 mg/kg，但是由于其浓度受生物活动影响较大，性质不稳定，属于非保守元素，因此讨论主要成分时不包括硅。

(2) 溶解于海水中的气体成分。

溶解于海水中的气体成分有氧、二氧化碳、氮及惰性气体。

海洋生物在光合作用中产生氧气，而在呼吸作用中消耗氧气。海水表层氧含量最大，光合层主要在 0 ~ 90 m 的深度。在浮游植物密集的地区，表层海水氧气含量最大值出现在下午 2 ~ 3 时，最小值出现在夜间 2 ~ 3 时。

海水中溶解有大量的碳化合物，溶解二氧化碳可以与大气中二氧化碳进行交换，这个过程起调节大气二氧化碳浓度的作用。海水对二氧化碳的吸收受到三个因素的制约，即海水的静态容量、大气 - 海洋之间二氧化碳的交换速率和海水铅直混合速率。

由于藻类光合作用消耗二氧化碳产生有机物和氧气，因此大部分海水表层的二氧化碳是不饱和的。二氧化碳浓度随深度的增加而不断增加，这是因为藻类的光合作用及溶解度随压力的增大而增大。海水中的二氧化碳系统维持着海水的恒定碱度，pH 值在 8.1 左右且变化极小，这对海洋生物的生长有着重要作用。

(3) 营养元素。

营养元素(营养盐、生源要素)主要是与海洋植物生长有关的要素,通常是指N、P及Si等。这些要素在海水中的含量经常受到植物活动的影响,其含量很低时,会限制植物的正常生长。因此,这些要素对生物有重要意义。

(4) 微量元素。

微量元素指在海水中含量较低,且不属于营养元素的元素。

(5) 海水中的有机物。

海水中的有机物有氨基酸、腐蚀质、叶绿素等。

海水中溶解有各种盐分。海水盐分的成因是一个复杂的问题,与地球的起源、海洋的形成及演变过程有关。一般认为盐分主要来源于地壳岩石风化产物及海底火山喷出的可溶化合物。另外,全球的河流每年向海洋输送5.5×10^{15} g溶解盐,这也是海水盐分来源之一。海水中重要元素见表1.1。

表1.1 海水中重要元素

元素	平均浓度	单位	元素	平均浓度	单位
Li	174	μg/kg	As	1.7	μg/kg
Fe	55	ng/kg	Na	10.77	g/kg
B	4.5	mg/kg	Br	67	mg/kg
Ni	0.50	μg/kg	Mg	1.29	g/kg
C	27.6	mg/kg	Rb	120	μg/kg
Cu	0.25	μg/kg	Al	540	ng/kg
N	420	μg/kg	Sr	7.9	mg/kg
Zn	0.4	μg/kg	Si	2.8	mg/kg
F	1.3	mg/kg	Cd	80	ng/kg
P	70	μg/kg	I	50	ng/kg
S	0.904	g/kg	Cs	0.29	μg/kg
Cl	19.354	g/kg	Ba	14	μg/kg
K	0.399	g/kg	Hg	1	ng/kg
Ca	0.412	g/kg	Pb	2	ng/kg
Mn	14	ng/kg	U	3.3	μg/kg

2.物理特性

海水的物理性质主要受水分子和无机盐离子影响。

(1) 基本性质。

海水中含有无机盐,因此其溶解性和腐蚀性更强。海水不遵循热胀冷缩规律,最大密度温度比纯水低,冰点比纯水低,沸点比纯水高。

(2) 热容、比热容。

海水的比热容是大气的4倍多,热容量比大气大得多。因此,海水的热变化会极大地影响大气,所以说“海洋是大气的天然空调器”。海水的比定压热容与盐度、温度成负相关关系。

(3) 热膨胀。

海水的热膨胀系数定义式为 $\eta = \frac{1}{V}\left(\frac{\partial V}{\partial T}\right)_{P,S}$,当热膨胀系数由负变为正时,体积最小,密度最大。另外,海水的热膨胀系数会随着温度、压力和盐度的增大而增大。在低温时,随着压力的增大,热膨胀更为显著。

(4) 压缩性。

海水的压缩系数随温度、盐度和压力的增大而减小,海水压缩系数一般很小。海水压缩可分为等温压缩和绝热压缩,压缩系数为温度、盐度和压力的函数,随参数的增大而减小。压缩性在声波的传播中至关重要。

(5) 绝热变化和位温。

绝热下降时,压力增大使海水体积压缩,外力对海水微团做功,热力学能增加,温度升高;绝热上升时,压力减小使海水体积增大,对外做功,热力学能消耗,温度下降。绝热温度梯度就是海水绝热过程的温度变化随压力(深度)变化的变化率。某一深度的海水微团绝热上升到海面时所具有的温度称为该深度对应的位温。分析大洋底层水时,水温的差别较小,但绝热变化带来的温度差异较大。为去除海水的可压缩性导致的体积变化的影响,研究中常采用位温。一般将海面压力定为参考压力,由此计算得到的位温总是小于现场温度。

(6) 蒸发潜热和饱和水汽压。

与纯水不同,由于盐的存在,海水表面的水分子数密度更小,限制了海水的蒸发,因此对应的饱和水汽压也较小(溶液浓度的依数性)。影响蒸发的因素主要有温度、表面积和风速。热带气旋、台风和飓风的形成与蒸发密切相关。

(7) 热传导。

热传导主要分为两种形式,即分子热传导(海水分子随机运动引起,与海水性质有关)和湍流热传导(海水块体随机运动引起,与海水运动有关)。前者的数量级为 10^{-1},后者的数量级为 $10^2 \sim 10^3$。

(8) 黏滞性。

由于水分子的无规则运动或海水块体的随机运动(湍流),两层海水之间会存在动量传递,因此产生切应力。分子运动引起的黏性系数较小,湍流引起的涡动黏性系数较大。

1.1.2 海水光学特性

海洋的光学性质可分为两类:海水的固有光学性质,仅由海水本身的物理特性决定;表观光学性质,决定于海水固有光学性质和海中辐射场的分布。本书主要阐述海水的固有光学性质。

海水的固有光学性质主要指海水对光的散射和吸收。散射和吸收作用是光在海水中传播的两个基本过程,它们造成光的衰减。在均匀水体中,初始辐射通量为 F 的单色准直光束经距离 $\mathrm{d}r$ 后,辐射通量衰减 $\mathrm{d}F$ 与 $\mathrm{d}r$ 和 F 成正比,表示为

$$dF = -\mu F dr \tag{1.1}$$

式中,μ 为海水的线性衰减系数,它明显地随波长而变。

用准直光束透射率计可测量线性衰减系数或测量透射率 T_r,即

$$T_r = F_r / F_0 \tag{1.2}$$

式中,F_r、F_0 分别为在距离 r 处的和初始的辐射量。

蓝绿光是海水的透射窗口,即处于线性衰减系数最小的光谱带。在清澈的海水中,透射窗口在480 nm左右,μ 的最小值可低达0.05;沿岸的海水含有较多的悬浮颗粒和黄色物质,透射窗口在530 nm左右。精确的光谱实验没有发现窄谱段的透射窗口。透明度 Z_m 是传统海洋调查中表征海洋水体透明程度的量。在船舷的背阴处,用直径为30 cm的白色圆板垂直沉入水中,所能看到的最大深度为2 m。因此,透明度表征了随深度增加的、漫射光沿垂直方向的衰减量,也可用于表征水中的能见度。

(1) 散射是受介质微粒作用而偏离直线传播方向的光辐射,包括水中的米氏散射、瑞利散射和透明物质的折射所引起的随机过程。海水中直径远大于光波波长的悬浮颗粒和透明物质引起的散射强度比水分子的瑞利散射大得多,其总散射系数 b 和波长的关系不大。在准直光束的传输路径中,用体积散射函数 $\beta(\theta)$ 表示从一个小体积元所产生的射散,总散射系数 b 等于 $\beta(\theta)$ 对整个立体角的积分,它分为前向散射系数和后向散射系数。在海水中,瑞利散射的前后向基本对称,而悬浮颗粒的米氏散射的前向散射比后向散射强得多。体积散射函数的角分布的最大差值可达4个数量级以上,在与光束成90°方向附近的散射最小,小角度散射特别强,当角度趋于零时,$\beta(\theta)$ 值将从切线方向趋近于入射光束的辐射通量。这种特征主要是准直光束透过折射率与水相近的透明生物体时产生折射偏离造成的。实际上,光束在传输路径上受到海水的影响而造成多次散射。

(2) 光子的能量转变为水的热力学能是海洋中的主要吸收机制,是吸收光子能量转变为热力学能、化学能等而引起的多种热力学不可逆过程。而通过光合作用转变为化学能对海洋生命的存在是不可缺少的。吸收系数用 a 表示,线性衰减系数满足

$$\mu = a + b \tag{1.3}$$

μ 随波长的变化几乎全部是由海中悬浮物选择吸收引起的。在清澈的海区,蓝光的散射系数和吸收系数大致相等,而其他颜色的光在海水中的吸收占绝对优势。在含有大量悬浮颗粒的混浊水中,光的衰减主要归因于散射。水中某些物质分子与光子发生非弹性碰撞而产生荧光辐射和拉曼散射既是吸收过程,又是受激辐射的过程,它们在强度上较弱,但有相对于入射光的谱线位移。

海洋的表观光学性质主要指太阳和天空辐射通过海面进入海中所形成的海洋辐射场分布,主要表现为辐亮度分布、辐照度衰减、辐照比和偏振特性等所有与辐射场有关的光学性质。

1.光在海洋中的传输

基于海洋的基本光学性质,不同频率的光在海水中的传播过程是不同的。现以蓝绿光为例解释这个区别。研究发现,海水对450 ~ 550 nm波段的光比对其他波长的光衰减作用更小。因为该区间属于蓝绿光波段,故水下光通信又称蓝绿光通信。光束在水中传输时会偏离传播方向产生时间和空间的扩展。水质的不同也会对其产生影响,最明显的

变化是光束的传输距离受到限制,光能量大幅度衰减。

光在水中传输的有三种理论计算方法:小角度近似法、实验法和蒙特卡洛法。建立蒙特卡洛法模拟光子在水下运动的数学模型,给出光子运动的具体仿真流程。建立瑞利散射和米氏散射模型,并分析相关理论和散射相位函数。结果表明,光束在小分子物质中传输时发生瑞利散射,在大分子、不可溶解的颗粒物中传输时发生米氏散射。为更接近于实际情况,采用米氏散射传输理论。

2.传输距离对光束传输变化的影响

外界和系统中的其他条件不变,在传输距离不同时,接收端接收到的光脉冲会随着时间的变化而变化。随着传输距离的增加,接收端接收到的脉冲时间宽度变大,传输延迟时间增加,脉冲的幅值逐渐减小。可以理解为,随着传输距离的增加,光在水中的散射次数增多,光子到达接收器经历的路程变大,被多次散射的光子所占比例增加,直射到达接收面的光子数目变少,导致时延增加,在设置的时间间隔内接收到的能量也在相应减小。被多次散射后的光子多数都偏离发射光束的中心轴,若延迟时间较大,则信息的有效利用率会降低,很可能成为系统中的噪声,影响正常信号的传输。

3.不对称因子对光束传输变化的影响

与海水的散射特性有关的不对称因子 g 用来描述海水的前向散射和后向散射程度的大小。杂质种类不同,散射特性不同,g 值也不同。g 值越小,延迟时间越大,此时光子受到后向散射的作用强于前向散射,多数光子的运动路径变长,总路程变大,接收到的信号时间展宽值变大,最后到达接收端的运动时间值越大,接收到的能量就越小。

4.接收孔径对光束传输变化的影响

光束在水中会产生一定扩展,接收端探测器的接收视场也有一定的范围。因此,接收面的尺寸大小对接收到的光子数也会产生一定影响。接收面的面积较小时,接收到的加权光子数和光子能量随时间的增加下降得非常迅速,能量都集中在发射光束的中心轴附近。接收面的半径越大,接收到的光子数就会越多,采集到的信号能量值就会越大。小面积的接收孔径会滤除一些被多次散射的光子,接收到的光脉冲宽度会相应变窄。可见,想要接收到较多的能量,就要以较大的脉冲时延为代价。因此,在实际的工程应用中,必须对各种参数都进行比较取舍,使光通信系统达到最优的状态。

前面介绍了对光影响作用较大的吸收和散射作用。此外,对光产生影响的还有扰动、热晕效应、噪声等。海水会因温度和盐浓度的不同而出现不同的折射率。海水的扰动与大气湍流效应类似,传播路径上的海水折射率时刻处于变化之中。但在较深处进行通信时,海水的扰动现象没有那么明显。现阶段,对海水扰动问题的研究相对较少。水体受热会在其中产生大量的气泡,海水的热晕效应要明显高于空气,它是对光影响较为严重的问题之一。在实际的通信中,建议将光学天线口径选得尽量大一些,单位面积的光功率要小于产生高密度气泡的条件。

1.1.3 海水电磁特性

在研究水下电磁波的传播问题时,通常认为海水是一种各向同性的均匀导电媒质,即温度 T 恒定,相对介电常数 ε、电导率 σ 不随深度和盐度的改变而改变,这将大大简化分析计算。用到的一些基本参数如下:介电常数$\varepsilon_0 = 136\pi \times 10^{-9}$ F/m;水下相对介电常数$\varepsilon_r = 81$;海水电导率$\sigma_s = 4$ S/m;磁导率$\mu_0 = 4\pi \times 10^{-7}$ H/m。无论电磁波在何种介质中传播,它都必然满足麦克斯韦(Maxwell)方程组及其辅助方程,即

$$\nabla \times \boldsymbol{H} = \boldsymbol{J} + \frac{\partial \boldsymbol{D}}{\partial t} \tag{1.4}$$

$$\nabla \times \boldsymbol{E} = -\frac{\partial \boldsymbol{B}}{\partial t} \tag{1.5}$$

$$\nabla \cdot \boldsymbol{D} = \rho \tag{1.6}$$

$$\nabla \cdot \boldsymbol{B} = 0 \tag{1.7}$$

$$\boldsymbol{J} = \sigma \boldsymbol{E} \tag{1.8}$$

$$\boldsymbol{D} = \varepsilon \boldsymbol{E} \tag{1.9}$$

$$\boldsymbol{B} = \mu \boldsymbol{H} \tag{1.10}$$

式中,$\boldsymbol{J}$为电流密度矢量;ρ为体电荷密度;ε为介质的介电常数;σ为介质的电导率;μ为介质的磁导率;$\boldsymbol{H}$为磁场强度矢量;$\boldsymbol{E}$为电场强度矢量;$\boldsymbol{D}$为位移电流矢量;$\boldsymbol{B}$为磁感应强度矢量。

式(1.4)~(1.7)为麦克斯韦方程组,式(1.8)~(1.10)为其辅助方程。

假设所研究的电磁波为简谐波,则其对时间的依从关系可表示为$e^{j\omega t}$。由于海水是导电媒质,而均匀导电媒质中的电荷体密度为零,即$\rho = 0$,因此将辅助方程代入麦克斯韦方程组,得海水中麦克斯韦方程组的复数形式为

$$\nabla \times \boldsymbol{H} = \sigma \boldsymbol{E} + j\omega \boldsymbol{D} \tag{1.11}$$

$$\nabla \times \boldsymbol{E} = -j\omega \boldsymbol{B} \tag{1.12}$$

$$\nabla \cdot \boldsymbol{D} = 0 \tag{1.13}$$

$$\nabla \cdot \boldsymbol{B} = 0 \tag{1.14}$$

假定均匀平面波的电场为E_x,磁场为H_y,波的传播方向为z的正方向,该电磁波仅为空间z和时间t的函数,解上述方程组可得海水中电磁场的表达式为

$$\boldsymbol{E}_x = E_0 e^{j\omega t - \gamma Z} \tag{1.15}$$

$$\boldsymbol{H}_y = \frac{\gamma}{j\omega\mu_0}\boldsymbol{E}_x = \eta^e E_0 e^{j\omega t - \gamma Z} = \boldsymbol{H}_0 e^{j\omega t - \gamma Z} \tag{1.16}$$

$$\gamma = j\omega\sqrt{\mu_0 \varepsilon^e} \tag{1.17}$$

式中,$\omega = 2\pi f$为角频率;γ为海水中电磁波的传播常数;η^e为海水的复数波阻抗;$\varepsilon = \varepsilon_0 \cdot \varepsilon_r$为海水的介电常数;$\varepsilon^e = \varepsilon - j\dfrac{\sigma}{\omega}$为海水的复介电常数,有

$$\gamma^2 = -(\omega^2\mu_0\varepsilon - j\omega\mu_0\sigma) \tag{1.18}$$

1.1.4 海水中电磁波的相关参数分析

1.传播常数

α、β是传播常数,对介电常数进一步变形,有

$$\gamma = \sqrt{j\omega\mu_0\sigma - \omega^2\mu_0\varepsilon} = \sqrt{j\omega\mu_0(\sigma + j\omega\varepsilon)} \tag{1.19}$$

若令 $\gamma=\alpha+\mathrm{j}\beta$,则有 $\gamma^2=-(\omega^2\mu_0\varepsilon-\mathrm{j}\omega\mu_0\sigma)$,将其展开后虚部与虚部、实部与实部对应相等,则可得到传播常数 α 和 β 分别为

$$\begin{cases}\alpha=\omega\sqrt{\dfrac{\mu_0\varepsilon}{2}\sqrt{1+\dfrac{\sigma^2}{\omega^2\varepsilon^2}}-1}\\ \beta=\omega\sqrt{\dfrac{\mu_0\varepsilon}{2}\sqrt{1+\dfrac{\sigma^2}{\omega^2\varepsilon^2}}+1}\end{cases}\tag{1.20}$$

式中,β 为海水中的相移常数(rad/m);α 为海水中的衰减常数,表示沿传播方向单位长度上波的幅度的衰减量(Np/m)。

2.海水中的衰减常数

由电磁场强度 E_x、H_y 的表达式可知,电磁波在海水中传播时振幅会有衰减,这是因为自由电子在入射电场的驱动下在导电的海水中形成电流,部分电磁场的能量转变成焦耳热。从衰减常数的表达式中不难看出,衰减常数不仅与电导率、磁导率、介电常数等海水本身的性质有关,还与频率密切相关。频率越高,衰减越大,尤其是进入高频范围后,衰减变得十分迅速。假设所研究的电磁波频率在 30 kHz 左右,在这个频率范围内用来表征介质性质优劣的损耗角正切 $\tan\delta=\dfrac{\delta}{\omega\varepsilon}\geqslant 1$,即海水为良导体。因此,衰减常数和相移常数可化简为

$$\alpha\approx\beta\approx\sqrt{\pi f\mu_0\sigma^2}=0.004\sqrt{f}\tag{1.21}$$

式中,f 为频率。

3.海水中电磁波的相速度

$$v_{\mathrm{p}}=\frac{\omega}{\beta}=\frac{1}{\sqrt{\dfrac{\mu_0\varepsilon}{2}\sqrt{1+\dfrac{\sigma^2}{\omega^2\varepsilon^2}}+1}}\approx\frac{\omega}{\sqrt{\pi f\mu_0\sigma}}\tag{1.22}$$

海水中电磁波的相速度 v_{p} 是频率的函数,这种传播速度随频率而变化的电磁波称为色散波,它是由海水的电导率 σ 不等于零引起的。当频率为 30 kHz 时,海水中电磁波的相速度为 $v_{\mathrm{p}}=2.738\,6\times10^5$ m/s,是水下声速(约 1 500 m/s)的 100 倍以上,这在数据传输速率方面有着极大的优势。由于多普勒频移与传播速度成反比,因此它对电磁波信号的影响也要小得多。

4.波长

$$\lambda=\frac{v_{\mathrm{p}}}{f}=\frac{2\pi}{\sqrt{\pi f\mu_0\sigma}}\tag{1.23}$$

波长不仅与媒质特性相关,而且与频率的关系是非线性的。显然,在频率相同的条件下,海水中电磁波的波长要比空气中的小得多。例如,30 kHz 时,海水中的电磁波波长 $\lambda=9.128\,7$ m,而真空中则为 10 km。正因为如此,低频条件下,海水中发射天线的尺寸不会像陆上一样巨大。

5.趋肤效应

导电媒质中电磁波的特点之一就是具有传输衰减。波从表面进入导电媒质越深,场

的幅度越小,能量就越小,即能量趋向于表面,这就是趋肤效应。趋肤深度是趋肤效应的重要概念和重要参量之一,其定义为:当场从表面进入导电媒质一段距离而使其幅度衰减到原来(表面)幅度的 1/e 时,这段距离就称为趋肤深度 δ。因为场的幅度依 $e^{-\alpha z}$ 规律衰减,所以由定义知,若取 $\alpha z = 1$,此处的 z 就是趋肤深度 δ,于是有

$$\delta = \frac{1}{\alpha} = \frac{1}{\sqrt{\pi f \mu_0 \sigma}} \tag{1.24}$$

30 kHz 的电磁波在海水中的趋肤深度 $\delta = 1.443\ 4$ m,即 30 kHz 的电磁波进入海水 1.443 4 m 后,幅度仅为表面幅度的 1/e(36.79%),这说明电磁波在海水中的衰减是十分迅速的。

6.海水中电磁波的能量分析

在理想介质中的平面波,其电场与磁场的能量密度是相等的,平面波的电场能量密度等于磁场能量密度,表明该波的波阻抗为纯阻,电场与磁场时间相位相同。但电磁波在海水中传播时情况就不同。

电场能量密度为

$$W_e = \frac{1}{2} \varepsilon E_x^2 \tag{1.25}$$

磁场能量密度为

$$W_m = W_e \cdot \sqrt{1 + \frac{\sigma^2}{\omega^2 \varepsilon^2}} \tag{1.26}$$

可见,海水中磁能大于电能。这是因为在海水中,很弱的电场强度就会产生较大的电流密度,因此磁场强度较强。

通过上述分析,可以得出以下结论。

(1) 电磁波在海水传播过程中,信号不断衰减,相位滞后。传播距离越大,信号振幅的衰减和相位的滞后越严重。

(2) 电磁波在海水中的衰减与频率有关。频率越高,衰减越大,相位滞后越严重。

(3) 电磁场电磁波在海水传播过程中,对电场和磁场的衰减程度不同。在相同条件下,电场衰减要远小于磁场的衰减。

(4) 海底介质特征对电场的影响非常小,但对磁场的影响较大。海底介质的电阻率越高,磁场振幅衰减越大,相位滞后越严重。

(5) 海水和海底介质特征对电场的影响频率要高于磁场,对磁场的影响几乎达到全频带。

(6) 极低频电磁波在海水中传播时,电场和磁场的不同传播特性主要由海底介质特性的影响引起。当接收点在距离海底较远时,海底介质特性对磁场的影响程度变小,磁场的传播特性与电场的传播特性基本一致;当接收点接近海底时,海底介质特性对磁场的衰减影响越来越大,在海底附近时,海底地质结构对磁场的影响达到最大值。

电磁信号在海水中的传播特性不仅与海水本身的电阻率和深度有关,还与海水下方介质特征有关。电信号与磁信号在传播特性上有所不同:电信号的传播主要取决于海水本身的电阻率和深度;磁场信号传播除要受到海水本身的电阻率和深度的影响外,还受到

海水下方介质特征的影响，距离海底越近，海底介质对磁信号的影响越大，海底介质的电阻率越高，对磁场影响也越大。

1.1.4 海水声波传播特性

近年来，海洋权益越来越受到人们的重视，针对海洋开发和海洋军事应用的各种装备也得到研究和发展。在水下应用的各种装备中，基于水声信号传输的导航、通信、探测装置得到了更加广泛的研究。水声信道是水下水声导航、通信、探测信号处理和设计的物理基础，只有深入了解水声通信信道特异的声传播规律，才能设计出适配于海洋实际环境的水声应用设备和系统。

1.水声信号的环境特性

(1) 声波传播速度低。

与无线电传播速度相比，声波的传播速度较低，大约在 1 500 m/s。声波在海水中的传播速度取决于水温、盐度和深度等，声速随着水温、盐度及深度的增加而增加。海面声速的变化主要取决于温度，而随着深度的增加和压力的变化，深度对声速影响最大，海水中声速经验公式可表示为

$$c = 1\,449.2 + 4.6t - 0.055t^2 + 0.000\,29t^3 + (1.34 - 0.1t)(S - 35) + 0.016H \tag{1.27}$$

式中，t 为温度(℃)；S 为盐度(0.1%)；H 为深度(m)。

(2) 声波传播损失大。

声波在传播过程中，声能量转化成其他形式的能量，并被介质吸收，它在介质中的传播损失 TL 主要由扩展损失和衰减损失两部分组成。扩展损失是指声信号从声源向外扩展时有规律地减弱的几何效应，又称几何损失。对于无限均匀介质空间，扩展损失是球面扩展损失；对于非均匀有限空间，扩展损失是非球面损失。扩展损失的大小与介质中的声速分布和结构条件有关，与信号的频率无关。衰减损失是声能转变成热力学能，由吸收、散射和声能泄漏出声道等引起的。吸收通常指介质的黏滞、热传导及其他弛豫过程引起的衰减。散射是指在海洋介质中存在泥沙、气泡、浮游生物等悬浮粒子及介质的不均匀性引起的声散射。

海水中的传播损失是距离 l 和信号频率 f 的函数，可近似表示为

$$A(l,f) = l^k[\alpha(f)]^l \tag{1.28}$$

式中，k 为扩展因子；$\alpha(f)$ 是海水吸收损失系数。

传播损失描述的是在单一路径上声能的衰减，若频率为 f 的单频信号，以功率 P 发射，那么接收信号的功率可表示为 $P/A(l,f)$。用分贝(dB) 形式表示式(1.28)，可得声传播损失 TL 为

$$\mathrm{TL} = 10\lg A(l,f)$$

$$\mathrm{TL} = k \cdot 10\lg(1\,000l) + 10l \cdot \lg \alpha(f) \tag{1.29}$$

式中，l 为声波传播距离(km)；第一项表示扩展损失；第二项表示吸收损失。扩展因子 k 与声波的传播方式和传播路径有关，根据不同的传播条件，k 取不同的数值。例如，当以球面波扩展传播时，$k = 2$；而以柱面波扩展传播时，$k = 1$；实际中，取 $k = 1.5$。

(3) 海洋噪声级数高。

海洋中的噪声是水声信号可靠传输主要的干扰源之一,其成因复杂,与海域位置、气象条件及频率有关。海洋噪声包括人为噪声和环境噪声:人为噪声主要包括机械噪声和航运噪声;而环境噪声主要由潮汐、航运、波浪和热噪声组成。在200 Hz ~ 50 kHz频率范围内,主要环境噪声源是海洋表面的风级,当风级加倍时,环境噪声约增加5 dB。环境噪声峰值约在500 Hz,然后每倍频约下降6 dB。例如,在10 kHz时,环境噪声谱密度在28 ~ 50 dB/Hz。特别是在浅海区域,实验研究发现船舶噪声和虾群噪声是水声信号接收的主要噪声源。

2.水声信号的传播特性

(1) 水声信号带宽受限。

水声海洋应用系统设计的第一步是根据特定的技术指标,如作用距离、数据率和声源级等,一般按照声呐方程确定系统中心频率和工作带宽。保证水声海洋应用系统可靠工作的基本要求是接收端信噪比足够高(通常情况下,SNR > 15 dB)。当技术指标中的声源级、作用距离一定时,通过设定的接收端信噪比门限可以解算出传播损失,确定最优的载波频率。下面给出最优工作频率与工作距离的经验公式:

$$f_{\text{opt}} = \left(\frac{200}{l}\right)^{2/3} \tag{1.30}$$

给定发射信号频率厂和功率P时,使用传播损失$A(l,f)$和噪声谱密度级$N(f)$可以计算出在距离l上的接收信噪比。在不考虑指向性指数和其他路径的传播损失时,窄带SNR可表示为

$$\text{SNR}(l,f) = \frac{S(l,f)}{A(l,f)N(f)} \tag{1.31}$$

式中,$S(l,f)$是发射信号的功率谱密度,根据距离变化,可调节$S(1,f)$。

实际中,需要以最优工作频率为中心选择系统工作带宽,并调节发射功率以获得预先设定的接收SNR,即可确定水声通信系统带宽与通信距离之间的关系,最终可以得出以下结论。

① 不同水声通信系统带宽差别较大。例如,对于远程水声通信(≥ 100 km),可用带宽小于1 kHz;而对于近程水声通信,其带宽可达上百千赫兹。

② 中远程水声通信信号带宽集中于低频段,且信号带宽和载波频率接近,因此窄带信号假设$B \ll f$不再成立,中远程水声通信信号是宽带信号。

(2) 多径传播复杂。

复杂的多径传播是声波在海洋中传播的一个重要的物理现象,海洋中的多径传播的形成主要取决于海面、海底等的声波反射和海水中的声波折射两个因素。水声信道多径传播复杂,声传播依赖于海面、海水和海底的许多参数,声波通过多条路径到达接收点。常见的水声信道包括垂直信道和水平信道。垂直信道的多径效应不明显;而水平信道包括浅海水平信道和深海水平信道,其多径效应复杂多变。在浅海区域,对于均匀声速浅海,声波经海面和海底多次发射到达接收点;对于负梯度浅海,近距离的传播路径是直线路径和海面路径,传播路径主要是海底反射路径;对于正梯度浅海,存在表面声信道,声波

经过海面多次反射到达接收点。在深海区域，由于声速在不同深度的变化，因此产生了声线弯曲现象。由于声速小，因此不同路径信道传播时间相差较大，一般水声信道的时延扩展在10 ms，部分水声信道的时延扩展可达50 ~ 100 ms，如此大的时延扩展导致信号的时间色散，引起严重的码间干扰。在深海水平信道中存在一个特殊的声信道，称为深海声信道，它由深海声速分布的特性构成，深海声速分布在某一深度。弯曲的声线能量保留在声道中，当声源位于声道轴附近时，声信号可沿声道轴传得很远，且信道的多径扩展和相位波动均较小。利用深海声信道的这一特性，可进行超远程水声通信（100 ~ 1 000 km）。水声信道是时变的，主要来自两个方面：水声信道内部参数变化和相对运动。水声信道内部参数变化包括洋流、水体运动引起的声速剖面的变化，以及内波、潮汐、海面运动等。水声信道的时变是随机的，引起信道的衰落。当信号带宽 $B > 1/\tau$ 时，信道变为频率选择性衰落信道；反之，则为平坦衰落信道。

海洋声信道中的多径传播复杂：一方面，多径传播严重影响了水声通信系统的性能，阻碍了高效调制解调技术在高数据率水声通信中的应用；另一方面，多径传播对某些水声通信来说不全是负面影响，如何利用多径信息提高水声通信系统的性能是近年来水声信号收发应用科研领域的研究热点之一。

（3）多普勒效应显著。

水声信道的多普勒效应明显，其根源在于声波在海水中的低速传播（约1 500 m/s）。声速和水下航行器速度（通常为1.5 ~ 30 m/s）的比值 $a = 0.02 \sim 0.001$，以致对水声信号产生时间展宽或压缩。作为比较，在无线移动通信系统中，当载体运动速度达160 km/h时，它与电磁波速度的比值仅为 $a = 1.5 \times 10^{7}$。可见，水声信号应用中多普勒频移比无线电传播中多普勒频移高几个数量级。另外，水声信道中各传播路径的历经轨迹不同，其在接收端位置产生的多普勒频移也不相同，导致接收信号的频率扩展。水声信道是一种典型的双扩展性信道，同时具备多径时间扩展与多普勒频率扩展特性。

1.2 海洋探测技术简介

1.2.1 海洋探测介绍

海洋探测又称海洋侦测，是指利用各种现代化技术及传感器对海洋环境进行侦查与探测。海洋探测工程与装备是进行海洋开发、控制、综合管理的基础。人类用科学方法进行海洋科学考察已有100余年的历史，而大规模、系统地对世界海洋进行考察则仅有30年左右的历史。现代海洋探测着重于海洋资源的应用和开发，探测石油资源的储量、分布和利用前景，监测海洋环境的变化过程及其规律。在海洋探测技术中，包括在海洋表面进行调查的科学考察船、自动浮标站，在水下进行探测的各种潜水器、传感器，以及在空中进行监测的飞机、卫星等。

在海洋监测仪器设备的发展中，国内存在的主要问题如下。

（1）对海洋监测仪器设备的发展缺乏总体规划，缺乏系统设计，因此没有形成海洋监测仪器设计能力系统。

（2）研制与应用脱节，海洋环境监测、海洋科学研究和海洋工程作业对海洋仪器设备的需求与海洋技术的研究和仪器设备的开发之间不衔接，缺乏协调。

（3）海洋监测仪器设备的发展缺乏高技术的支持。

1.我国海洋探测现状

我国海域辽阔，是发展中的海洋大国。我国海域面积约 300 万 km^2，有着丰富的海洋资源。为实现从海洋大国跨入海洋强国的目标，国家“863”计划在海洋技术领域分别设置了海洋监测技术、海洋生物技术和海洋探查与资源开发技术三个主题，以期为我国的海洋开发、海洋利用和海洋保护提供先进的技术和手段。以具有20世纪90年代海洋勘测国际先进水平的“海域地形地貌与地质构造探测系统”的开发和研制为代表的多项先进的海洋控查与资源开发技术为我国海洋资源的开发、利用、保护，维护海洋权益，捍卫国家主权提供了高精度的科学依据。

在国家“863”计划的推动下，我国在合成孔径成像声呐、高精度 CTD 剖面仪、定标检测设备的研制和近海环境自动监测技术方面等重大技术上取得突破性进展，并已进入世界先进水平行列。建立海洋环境立体监测系统技术及示范系统促进了上海等城市区域性社会经济的发展，并为建立我国整个管辖海域的海洋环境立体监测和信息服务系统奠定了坚实的技术基础。在仅仅 4 年多的时间里，我国沿海周边地区已经在全球海洋探测系统框架下初步建立起了航天、航空、海监船体等监测体系，从整体上提高了我国海洋环境探测监测和预测预报能力。国家“863”计划及时增加并大力发展海洋领域的高技术，为我国走可持续发展道路起到了积极的示范作用。

国家“863”计划“海域地形地貌与地质构造探测技术”专题科研人员历时 4 年，完成了海底地形地貌的全覆盖高精度探测技术、海洋深部地壳结要的探测技术、海洋深部地壳结构的探测技术等专项课题。课题在实施过程中共获 9 项创新技术，6 项创新技术产品，为更加深入地了解我国海域地形地貌与地质构造、高精度地再现我国 300 万 km^2 海域的地形地貌与地质构造提供了强有力的技术支撑。

“海洋地形地貌与地质构造探测技术”以多波束系统全覆盖高精度探测技术、深拖系统侧扫和视像技术、双船地震地壳探测技术的突破为重点，形成海底地形地貌探测技术、侧扫视像技术、高精度导航定位技术、高分辨率地震探测技术、双船折射／广角反射地震技术、三维地震层析成像技术、海洋动态大地测量基准技术，以及图形技术、模式识别技术、自动成图技术、人工智能解释技术等的集成系列，带动海洋地学调查技术和研究水平整体上一个新台阶，达到 20 世纪 90 年代国际先进水平。

通过典型海域的技术试验，形成一整套最优化的探测技术集成、成图显示技术集成和智能解释技术集成的方法系列，为区域海洋地质调查和我国大陆架及专属经济区的专项调查提供高新技术支撑，为海区划界、维护海洋权益和资源评价提供重要科学依据，并先后研制开发了海域地形地貌全覆盖高精度探测技术系统，结束了我国无中、大比例尺海底地质调查能力的历史，开发完成了多波束测深系统、深拖侧扫视像系统和差分 GPS 导航定位系统，并配套完善了多波束测深系统的后处理系统，已具备作用距离 800 km、实时动态定位精度优于 10 m、可完成 1∶10 万 ～ 1∶100 万任意比例尺的高精度海底地形地貌图和三维立体图的技术能力。

目前,该项技术成果已成功应用到"我国专属经济区和大陆架勘测"和"太平洋多金属结核和富钴结壳矿区勘查"等方面,产生了明显的社会和经济效益,仅多波束现场数据质量监探技术的推广就节约成本约 1 000 万元,提高工作时效 30% ~ 50%。

我国将在国际海底圈定一块满足商业开发所需资源量要求的海底富钴结壳区域,并兼顾该区域其他资源的前期调查,开展海底热液硫化物的调查,同时全面启动深海生物基因研究开发。我国还将积极发展海底探测与大洋资源勘查评价关键技术,突破深海作业技术、海底多参数探测技术、深海海底原位探测技术,以及深海工作站、矿产和生物基因直视取样技术,形成深海探测与取样技术体系。

(1) 深水油气勘探。

我国在深水油气勘探方面拥有首座深水半潜式钻井平台 COSLPIONEER(中海油服"先锋"号),作业水深 750 m,钻井深度 7 500 m,钻井设备具有全自动钻进功能。中海油建成了第6代深水 3 000 m 半潜式钻井平台"海洋石油 981"号,最大作业水深 3 050 m,钻井深度可以达到 10 000 m,几乎可以在全球所有深水区作业。

(2) 大洋科学考察。

目前,我国拥有大洋综合科考船"大洋一号""海洋六号"、极地科考船"雪龙号",以及中科院海洋所新建成的"科学号"综合科学考察船,并配有各种先进的探测仪器、设备和装置。

(3) 深海探测装备研发。

"蛟龙"号的成功研发是我国载人深潜技术的一座里程碑。"蛟龙"号于 2012 年实现 7 000 m 海试成功,让我国跻身世界载人深潜第一梯队。在 5 年来的试验性应用阶段,"蛟龙"号载人潜水器的大深度技术、海底定点作业能力,以及安全性、可靠性、先进性等优势得到了充分验证,也为我国抢占国际深渊科学研究前沿提供了强有力的技术支撑。

从大陆架到深海大洋,广阔的海底是石油、天然气、气体水合物、铁锰结核等矿物资源的赋存场所,又是海底扩张、板块构造、古海洋学和全球构造等学说的发源地。因此,调查研究海底具有很高的经济价值和科学意义,必须努力探索海底奥秘,使其造福于人类。

2.深海探测技术的发展方向

深海探测技术是针对有关深海资源、构成物、现象与特征等资料和数据的采集、分析及显示的技术,是深海开发前期工作的重要技术手段,包括深海浮标技术、海洋遥感技术、水声探测技术及深海探测仪器技术等。海洋拥有丰富的水体资源、矿产资源和生物资源,可以支撑人类的永续发展,在深水区还有更多的石油天然气储量及更多样的生物,所以深海探测是人类实现可持续发展的战略途径和重要手段。由于深海具有可视性差、水压力大和地形复杂等特征,因此人类对深海的认知极其有限,深海探测技术的研究和应用也极具挑战性。为实现精确、可靠和高效的深海探测,亟须开展关键性技术攻关。总体上,未来深海探测技术也在向着体系化、协同化与智能化发展。

(1) 深海运载器探测技术。

深海运载器是携带各种电子设备、机械装置或专业人员,快速、准确地到达各种深海环境,进行精确探测和科学研究的装备平台。深海运载器分为载人潜水器(Human Occupied Vehicle,HOV)和无人潜水器(Unmanned Undersea Vehicle,UUV)两个大类。

作为综合性的水下机动平台,深海运载器自身配置探测设备开展精确探测,还可具有针对性地配置其他高精尖探测设备开展原位探测,是目前深海探测技术领域的“集大成者”,具有全面的技术特点,是深海探测技术的发展热点。1890年,全球首艘水下运载器“ArgonauttheFirst”诞生。20世纪60年代,法国成功研发首台配置推进器的水下运载器。同期,全球首艘载人潜水器“曲斯特 Ⅰ”号由美国研发并海试成功,最大下潜深度为10 916 m,创造全球最大下潜深度记录。在此影响下,许多国家陆续开始研发载人潜水器,如日本的“Shinkai6500”号、俄罗斯的“和平”系列、法国的“鹦鹉螺”号等。2012年,中国的“蛟龙号”载人潜水器成功下潜至7 062 m。

(2)深海传感探测技术。

在深海,可通过声、光、电磁波进行传感探测。深海声学传感探测技术利用声波传递过程中入射声波与反射声波在频率、时间或强度上的差异开展深海探测,代表性的技术有侧扫声呐探测技术、多波束探测技术和合成孔径声呐成像技术等;深海光学传感探测技术主要根据光在水体中传输的特性和规律,以及水体物质相互作用的机理,实现深海目标识别和水下通信,具有代表性的有水下光学传感技术、光纤水听技术、水下激光通信技术和水下光学成像技术;深海电磁学传感探测技术通过电磁学方法获取深海场源的电磁场值,并通过对断面的反演实现地下电性分布探测。

(3)深海取样探测技术。

深海取样探测技术又可分为深海生物取样技术、深海海水取样技术和深海岩芯取样技术,可通过采集生物、海水与矿物样本来对海洋环境进行分析。目前较为成熟的技术有自动微生物取样器取样、多瓶取样器取样、深海气密采水器取样、保压取芯器获取岩石样本等。

(4)深海光学通信技术。

目前深海探测主要以水声载波的方式进行信息交互。受海水介质的制约,声学通信数据传输的极限速率仅为1 500 m/s,同时存在数据损耗大、环境噪声大,以及受水体折射和漫反射多径效应影响等问题,导致通信质量较差和稳定性较低。以人工智能和大数据处理为代表的新一代深海探测技术亟须突破通信“瓶颈”。光学通信具有传输速率高、无线、方向性好和隐蔽性强等优势,可弥补声学通信的诸多不足,是深海探测技术发展的“命脉”。未来深海探测的水上部分可采用电磁通信技术,水下部分可采用光学通信技术,实现各平台和传感器之间及海 - 空 - 天之间高速和稳定的数据传输。

(5)深海导航定位技术。

导航定位技术在深海探测技术体系中占有重要地位,直接反映水下作业的精确性和安全性,主要分为惯性导航、声学导航和海洋地球物理导航三种技术类型。随着光学传感技术的进步,深海光学导航定位技术越来越引起全球各国的重视。随着SLAM导航系统的迅速兴起,通过识别和提取采集到的声呐图像和数字图像的特征点实现深海探测定位和环境地图合成有望产生革命性成果。

(6)深海动力能源技术。

由于存在燃料补充、废气排放和压力承受等困难,因此深海探测对动力能源提出更高的要求。深海动力能源技术既要突破耐高压、耐低温和耐腐蚀等难点,又要实现高稳定性、高安全性、高可控性、高容量和低成本等目标,是未来深海探测的关键性技术。目前深海探测的动力能源主要包括铅酸电池、银锌电池、镍基电池、锂电池、燃料电池、核能、海洋温差能和柴油等。

1.2.2 海洋探测系统组成

全球海洋探测系统主要由四个方面组成:志愿探测船(Voluntary Observing Ship, VOS)、海洋高空探测(Automated Shipboard Aerological Programme, ASAP)、漂浮浮标和系留浮标。1985—1994年,热带海洋与全球大气实验研究计划(Tropical Oceans and Global Atmosphre, TOGA)实施。这一计划对海洋的探测主要集中在太平洋,其目的是对热带太平洋,特别是与厄尔尼诺事件相关的海温异常事件进行全面的探测。TOGA计划在执行的10年中不仅从海洋探测中得到了大量丰富的资料,对年际气候预测水平也得到了很大的提高。在此期间,TOGA成功地预报了1986—1987年的厄尔尼诺事件,短期气候预测也在世界很多国家普遍开展。整个TOGA探测是由潮汐站、锚定浮标、漂移浮标、自愿探测船和卫星资料转发等方面构成。

我国海洋环境立体探测系统建设的具体探测技术包括以下几点。

1.海岸/海岛海洋站

我国大陆海岸线长1.8万多km,海岛6 500多个,目前已建有61个海岸/海盗海洋站。根据海洋学探测的要求,在我国沿海共需均匀建立100多个海岸/海盗海洋站,而在河口及水文要素变化复杂地区和海洋灾难多发区还应加密设站。

2.海上石油平台海洋站

我国各海域已有30多个海上石油平台,是进行海洋探测的理想载体。利用海上石油平台建立海洋站,将会形成一个包围我国沿海海域的远程环境监测网,是提高海洋灾害预报准确度和时效性的一种正在开发利用的新的数据源。

3.海洋资料浮标

海洋资料浮标在恶劣的海况下自动探测,为海洋灾害预报提供有代表性的、实时的探测资料。我国已研制成功了直径3 m和直径10 m两种型号的海洋资料浮标。目前,海洋资料浮标网建设的目标是保证有效运行浮标的数量达到14个左右。

4.坐底/潜标测量系统

坐底/潜标测量系统可以避免恶劣的天气海况和人为造成的破坏,为海洋灾害预报模式研究和业务化运行提供海洋灾害全过程的实测资料。我国已研制完成了千米潜标测量系统,并正在进行更大深度和多要素测量的潜标系统的研制。

5.探测船

探测船是获取大范围、长时间海上探测资料的重要手段。我国从1972年开始组织了部分海上运输船舶、海洋渔船等,开展了志愿船探测工作。2000年,我国有214艘商船测报、20艘渔船、28艘调查船开展水文气象探测。

6.岸基高频地波雷达站

岸基高频地波雷达站能对所覆盖海区内的海面动力场及浮冰进行实时、连续、超视距探测,是海洋探测中的一种新的探测手段。我国已建立了一个测冰雷达站,并研制了海态监测分析雷达样机。今后将利用这一新的探测手段,加强对近岸区域海洋动力要素及浮冰的探测。

7.海监飞机

海监飞机是对海洋环境进行中小尺度探测和应急监视的重要手段。我国现拥有的飞机数量和配置的仪器设备与实际需要相差太远,计划再增加海监飞机数量和装备新的仪器设备,以扩大监视范围。

8.遥感卫星

遥感卫星已成为海洋环境监测的主导技术。目前,国内主要应用国外卫星遥感数据开展海洋应用研究。另外,我国也计划发射自己的海洋卫星。

1.2.3 海洋探测技术

1.海洋侦测传感器

传感器的种类有很多,目前运用于海洋探测的有海色传感器、声呐传感器、惯性传感器和红外传感器。

(1) 海色传感器。

可见光和近红外辐射计在海色卫星上主要用于探测海洋表层叶绿素浓度、悬移质浓度、海洋初级生产力、漫射衰减系数及其他海洋光学参数。可见光和红外波段的宽带辐射计一般装载在气象卫星和陆地卫星上。例如,我国“风云一号”气象卫星装载了多通道可见光和红外扫描辐射计 MVISR;美国 NOAA 气象卫星装载了改进型高分辨率辐射计 AVHRR,还装载了用于探测大气层垂直空气柱的剖面温度和湿度等物理量的泰罗斯垂直探测装置 TOVS。

(2) 声呐传感器。

我国多年来十分重视深海的研究。我国海军认为,应该加强对近海、沿海的军事行动的对策。在这些应用中,声呐所处的工作环境相当恶劣,而且通道的发展直接受到限制,存在不同的反射源和其他自然噪声。从无源声呐中提取的有用信息再返回到这一环境中是非常具有挑战性的,要求进行大量资源手段和算法。增加计算机计算能力是一个重要的发展方向,其工艺技术不断地完善和改进,提高其在沿海区域的作战能力。沿海地区环境中的大量强噪声源可以用作声谱的天然参考源,它可以进行无源声学成像、直接模拟普通的光学成像(电视)或毫米波无源 RF 成像。

(3) 惯性传感器。

惯性传感器测量相对于惯性空间的传感器的线性和旋转加速度,始终伴随一些机械现象的发生。在这方面明显的发展趋势是通过微机电系统(Micro - Electro - Mechanical System, MEMS) 技术和光技术实现小型化、固态化。一般来说,惯性传感器由机械、电或者磁力限制的简单静态和旋转质量块构成。MEMS 技术可以把敏感质量块做得很小,使其成为硅片的一个集成的部分来生产,它包括具有自测试功能、自校功能和自调节信号功能的敏感电路。除 MEMS 技术外,通过采用激光和光纤陀螺,光电子器件已经大量应用于角加速度传感器的制作中,但是仍然没有达到最好的机械式陀螺的水平。激光陀螺和光纤陀螺虽然比机械式陀螺的成本低、结构紧凑,但是在现今的航空电子设备中和导弹制导应用中的主要性能方面还不能完全符合要求。

(4) 红外传感器。

红外传感器在气象卫星和海洋卫星上用来遥感海面上空水汽含量、大气剖面温度和湿度,以及海洋表面温度等。

此外,海洋探测传感器还包括微波高度计、微波散射计、合成孔径雷达和微波辐射计等。

2.海洋科考卫星

卫星技术在海洋开发中的应用十分广泛。海洋卫星在几百千米高空能对海洋里许多现象进行探测,这是因为它有一些特殊的本领。例如,测量海水的温度,用的就是遥感技术。当太阳发出的电磁波到达海面时,能量的分布是不均匀的。利用遥感技术就可以测量海面的温度及其特征。数据经电脑分析后,就可得到海面温度的情况,最后打印成一张海面温度分布图。由于几乎是同步探测后得到的数据,因此探测结果很真实。

如果利用海洋卫星测量海浪的高度,就要用主动遥感技术。雷达成像系统就是一种主动微波遥感,它可以用来测量海浪的高度,是利用海面"粗糙度"不同的原理来进行的。光波射到海面,如果海面没有浪,就会呈现海平如镜的状态,即光滑面。这时,从卫星上发出的雷达波就会产生镜反射,雷达接收不到回波。如果海面有波浪,就会变得"粗糙",波浪越大,海面越"粗糙"。这时,雷达波就会向各个方向散射,产生漫反射。于是,雷达就会收到一部分回波。因此,波平如镜的海面,在雷达正片上就显得比较亮。根据回波信号的强弱及雷达波的角度,通过电脑就可以算出海面的粗糙度,从而得知海浪的高度。

目前,海洋地质调查和技术手段主要有:利用人造卫星导航、全球定位系统(Global Positioning System,GPS)和无线电导航系统来确定调查船或探测点在海上的位置;利用回声测深仪、多波束回声测深仪和旁测声呐测量水深和探测海底地形地貌;用拖网、抓斗、箱式采样器、自返式抓斗、柱状采样器和钻探等方法采取海底沉积物、岩石和锰结核等样品;用浅地层剖面仪测海底未固结浅地层的分布、厚度和结构特征;用地震、重力、磁力及地热等地球物理方法探测海底各种地球物理场特征、地质构造和矿产资源;利用放射性探测技术探查海底砂矿。

3.海洋潜水器

在人类征服海洋深处的征程中,潜艇立下了汗马功劳。然而,即使是核潜艇,一般也只能在300 ~ 400 m的海洋深处活动,面对占地表面积77%以上的深于3 000 m的海洋,人类创造了潜水器征服了深海。自20世纪80年代以来,我国也开始了深潜器的研制:第一艘载人深潜器的最大下潜深度达600 m;第一台无人遥控深潜器于1985年底研制成功,潜深200 m。1989年,我国与加拿大合作研制的遥控无人潜水器投入水下作业,它由电脑控制,能在水下完成自动定位和定航向,装有五个功能机械手和水下摄影机,最大前进速度超过2.5 km/h,最大水深200 m。我国还与加拿大合作研制成作业深度为300 m的遥控无人潜水器。

1.2.4 海洋探测网

早在20世纪80年代中期,海洋发达国家就相继出台海洋科技与开发战略。进入21世纪后,国际政治、经济、军事围绕着海洋活动发生了深刻的变化,在新的海洋战略及其军事需求牵引下,各国相继调整战略,进一步加大了对海洋探测领域的投入。我国是海洋大国,有300多万 km^2 的经济专属区和18 000多km的海岸线,海洋环境监测技术已经列入国家中长期科技发展纲要。海洋探测是海洋生态保护、海洋防灾减灾、应对海洋气候变化、保障海洋经济安全等科学研究的重要场所,也是自然资源的宝藏。海洋环境是地球环境的重要组成部分,也是全球生命支持系统的重要组成部分,在全球水循环和气候变化中起到了重要作用。为更好地了解海洋,需要对海洋进行探测,收集关于海洋的各种参数并对其进行研究。近几年来,随着海洋事业的迅速发展,海洋环保已经提上议事日程。因此,海洋水环境监测越来越成为人们关注的焦点。无线传感器网络广泛应用于军事侦察、环境监测、目标定位等领域,能够实时地感知、采集和处理网络覆盖范围内的对象信息,并发送给观察者。它具有覆盖区域广、可远程监控、监测精度高、布网速度快和成本低等优点。把无线传感器网络技术应用到海洋水环境监测系统中,是人们近几年来研究的焦点。海洋探测网系统组成如图1.1所示。

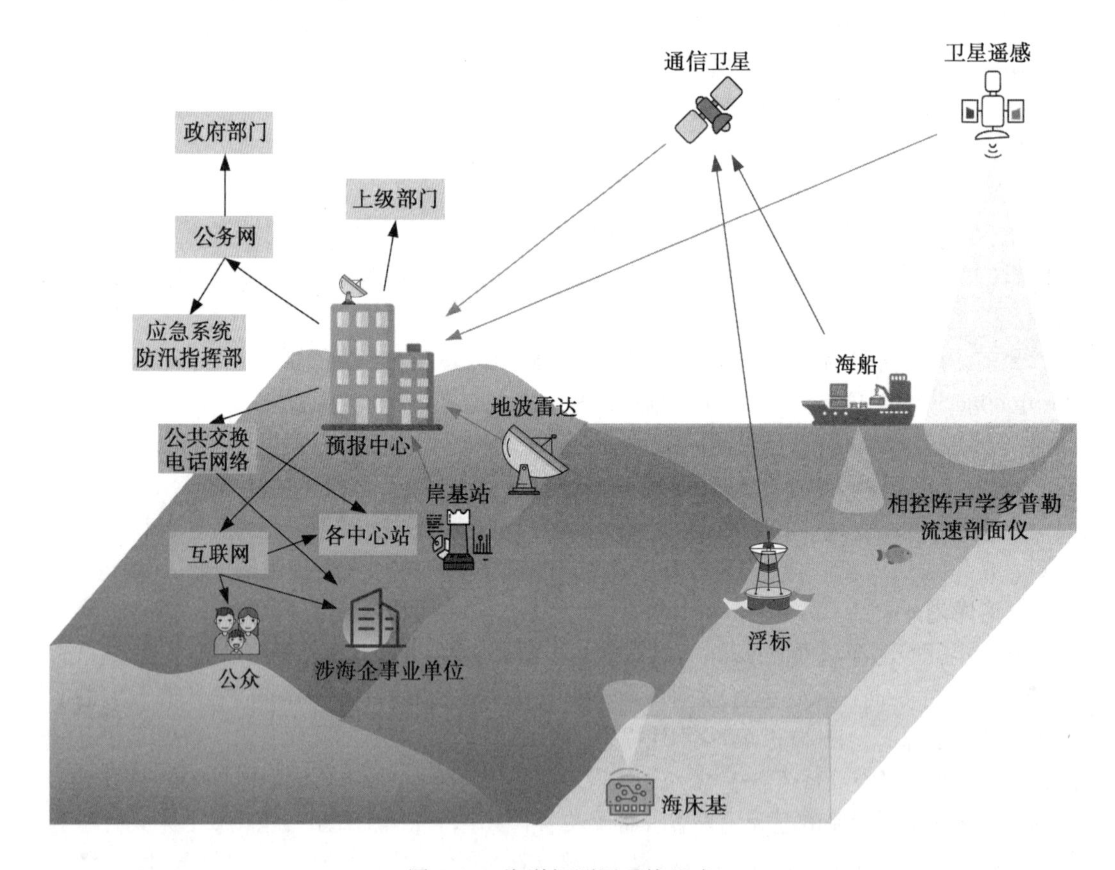

图1.1 海洋探测网系统组成

海洋探测为海洋生态保护、海洋防灾减灾、应对海洋气候变化、保障海洋经济安全、参与全球海洋治理等方面提供重要技术支撑。联合国政府间海洋学委员会于1993年牵头组织和实施了全球海洋探测系统计划,目前已发展为13个区域性探测系统和多个专题探测计划。在此计划引领下,全球海洋探测能力稳步增强。经过多年发展,我国目前已基本拥有包括海洋站(点)、雷达、海洋探测平台、浮标、移动应急探测、志愿船、标准海洋断面调查和卫星等多手段的海洋探测能力,形成了以覆盖近海为主的中国近海海洋探测网。此外,通过卫星遥感探测和科考调查逐步向大洋、极地区域拓展,初步具备了全球海洋立体探测能力。海洋探测网组成见表 1.2。

表 1.2 海洋探测网组成

探测方式	具体探测手段	功能描述
天基海洋探测	卫星遥感探测	随着航天和航空遥感技术的发展,航天和航空遥感技术逐渐应用于海洋探测,形成天基海洋环境遥感,星上装载有第二代海洋水色传感器
	航空海洋探测	航空海洋探测采用固定翼飞机和无人机作为传感器载体,具有机动灵活、探测项目多、接近海面、分辨率高、不受轨道限制、易于海空配合而且投资少等特点,是海洋环境监测的重要遥感平台
海基探测	海洋测量船	海洋测量船又称海洋调查船,是一种能够完成海洋环境要素探测、海洋各学科调查和特定海洋参数测量的舰船
	浮标	浮标监测分布面广、测量周期长,已经成为海洋和水文监测的主要手段。浮标集计算机、通信、能源、传感器测量等技术于一身,是科技含量较高的科技综合体
	剖面探测漂流浮标	该项技术是 20 世纪 90 年代初的重大成果,它的出现催生了国际“阿尔戈”(ARGO) 计划,解决了全球海洋次表层温盐同步遥感预测的难题
水下海洋探测	无人潜航器	无人潜航器与载人潜水器相比,具有造价低和安全等特点,能长时间在压力很大的海底工作,可用于海洋调查
	水下传感器网络	无线传感器网络是由密集型、低成本、随机分布的,集成有传感器、数据处理单元和无线通信模块的节点通过自组织方式构成的网络,借助节点中内置的多种传感器对人们感兴趣的各种现象进行探测,最终实现对现实世界实现全方位的监测与控制

1.3 海洋探测技术实验平台

1.3.1 海洋探测平台

海洋探测技术涉及各种传感器模块的工作原理、常用开发软件的使用和数字信号处理的方法等,综合来说包含四部分内容:人机交互、数据传输、数据处理和海洋探测网。海洋探测技术系统图如图1.2所示。

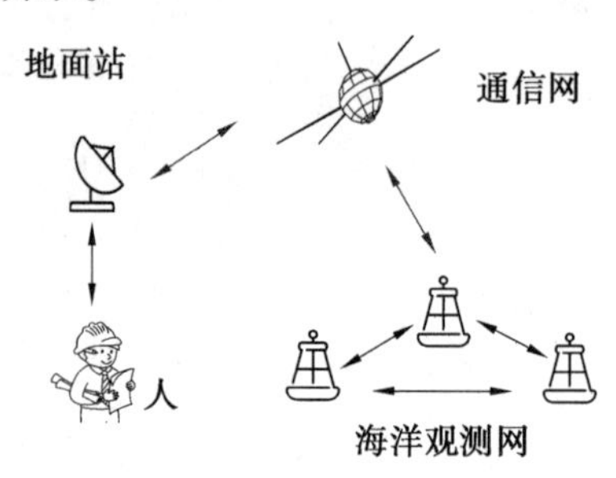

图1.2 海洋探测技术系统图

1.3.2 实验箱组成

实验箱由海水特性测量传感器、海洋通信、海洋数据处理、人机交互这四个部分组成(图1.3)。海水特性测量传感器由水温、盐度、水压、降水、风力、激光雷达、GPS模块、加速度计等传感器构成;海洋通信方式采用微波通信、激光通信、光纤通信、水声通信这几种方式;海洋数据处理利用DSP和FPGA进行数据处理;处理完成的数据利用计算机进行人机交互设计。

海洋通信系统实验平台可分为以下四大部分。

1.传感器节点

传感器部分包括海洋环境探测传感器原理、传感器微弱信号检测、传感器信号变送调理及LoRa无线传感网络的建立。传感器种类包括水温传感器、水压传感器、盐度传感器、风力传感器、降水传感器、pH值传感器、加速度计、GPS模块、激光雷达等。

2.LoRa网关信息汇总及模拟海洋通信系统发射部分

LoRa网关部分包含LoRa网关和四种传输方式(电磁波、光纤、声呐、红外)的发射端。LoRa网关将第一部分传感器信息汇总后,再用四种传输方式发送出去。

3.模拟海洋环境

用水箱来模拟海洋环境。

4.模拟海洋通信系统接收端以及信号处理与探测信号显示部分

信号处理与探测信号显示部分解调经过四种传输方式的信号,完成多种海洋信息数据处理,并监测数据由网络接口发往后台供学生和研究人员分析处理。海洋通信系统实验平台如图1.4所示,传感器节点部分实物图如图1.5所示。

根据海洋通信技术实现机理,把实验内容分成传感器信号采样、通信传输、信号处理、

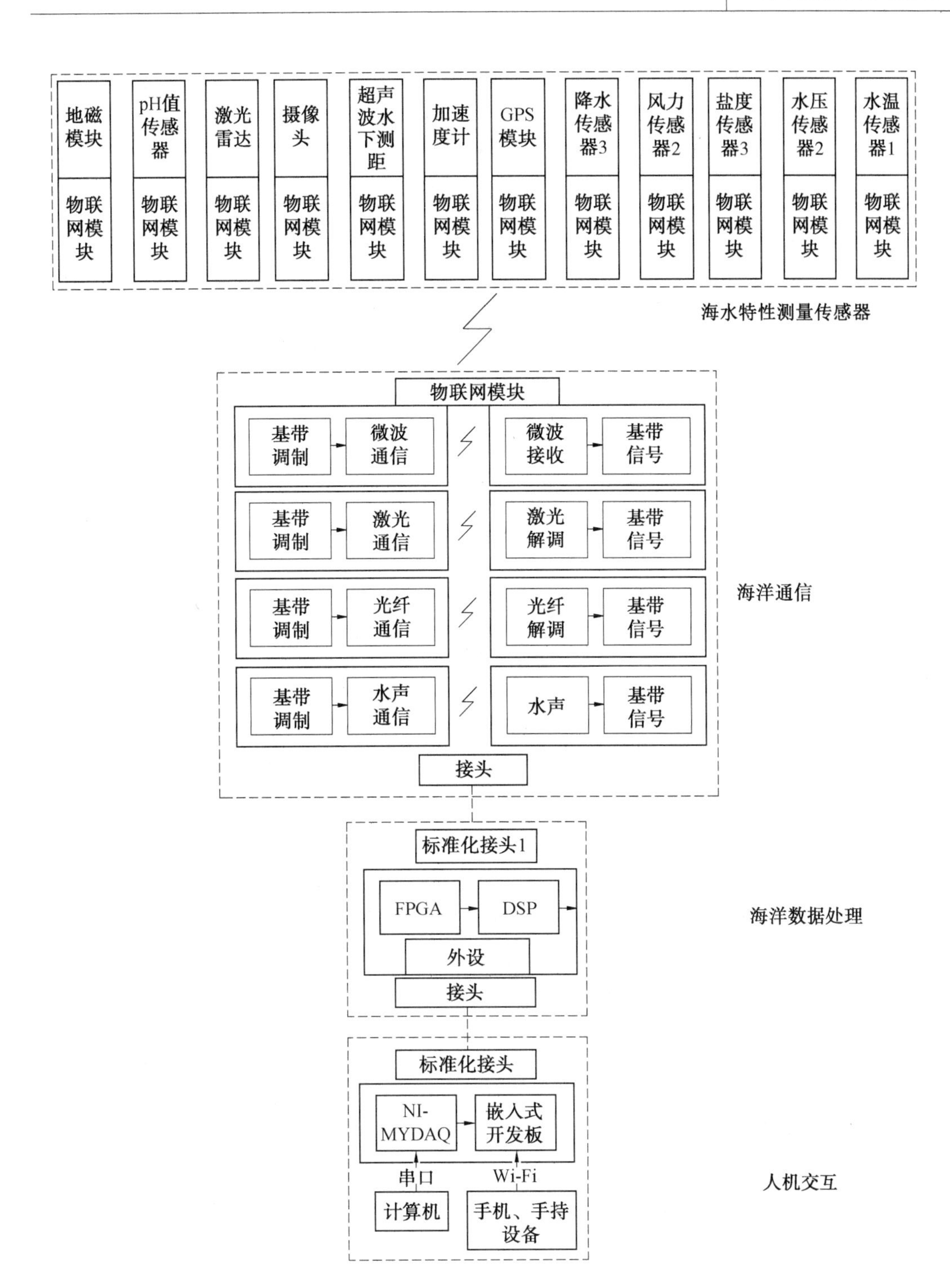

图 1.3 实验箱组成结构

人机交互四类。海洋探测技术实验仪器需求见表 1.3。

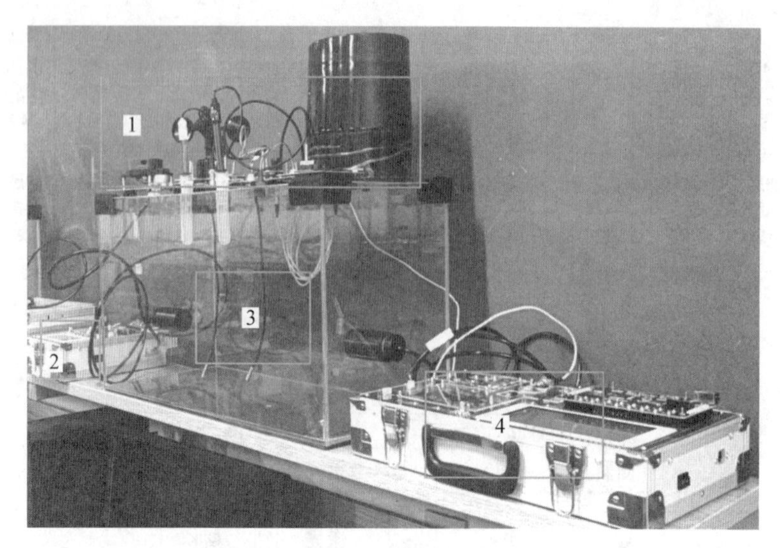

图 1.4 海洋通信系统实验平台

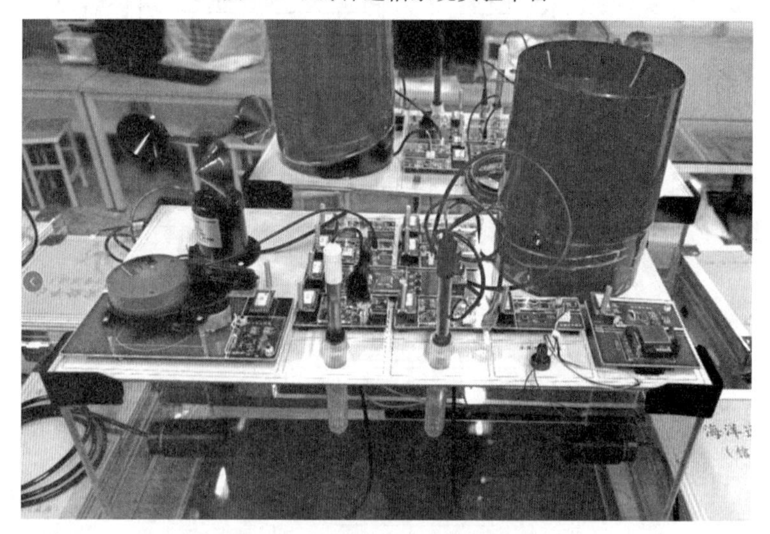

图 1.5 传感器节点部分实物图

表 1.3 海洋探测技术实验仪器需求

序号	海洋探测对应环节	实验内容	实验仪器
1	传感器信号采样	海水特性测量	传感器实验箱
2	通信传输	卫星、蓝牙、ZigBee	相关通信实验箱
3	信号处理	DSP、FPGA	信号处理实验板卡
4	人机交互	虚拟仪器	LabVIEW

本书案例都来源于海洋探测技术实际需求，所有案例围绕传感器信号采样、通信传输、信号处理、人机交互这四个环节展开，由于涉及海洋、电子、通信、计算机、控制、机械、信息等多学科教学内容，因此需要将多种知识贯穿，相互融合，打破课程之间的壁垒，以实现海洋探测实际效果为最终目标。实验案例将从学生的创新思维着手，培养学生的创新

与工程实践能力。

1.4 海水中电磁波传输特性分析

1.4.1 海水电磁波分析原理

HFSS(High Frequency Structure Simulator)是Ansoft公司推出的三维电磁仿真软件，目前已被ANSYS公司收购，是世界上第一个商业化的三维结构电磁场仿真软件，也是业界公认的三维电磁场设计和分析的工业标准。HFSS提供了简洁直观的用户设计界面、精确自适应的场解器和拥有空前电性能分析能力的功能强大的后处理器，能计算任意形状三维无源结构的S参数和全波电磁场。HFSS软件拥有强大的天线设计功能，可以计算天线参量，如增益、方向性、远场方向图剖面、远场3D图和3 dB带宽；绘制极化特性，包括球形场分量、圆极化场分量、Ludwig第三定义场分量和轴比。使用HFSS，可以计算基本电磁场数值解和开边界问题、近远场辐射问题、端口特征阻抗和传输常数、S参数和相应端口阻抗的归一化S参数、结构的本征模或谐振解。而且，由Ansoft HFSS和Ansoft Designer构成的Ansoft高频解决方案是目前唯一以物理原型为基础的高频设计解决方案，提供了从系统到电路直至部件级的快速而精确的设计方法，覆盖了高频设计的所有环节。

众所周知，声波是水下无线通信的主要方法，关于水下声通信的技术也已经非常成熟。但与此同时，它的缺点也暴露得越来越清楚，如浅海水域的多路径传播和严重的多普勒效应等。因此，水下电磁波通信越来越受到人们的关注。

电磁波在水下的传播不同于在空气中的传播。电磁波在海水中所表现出的种种特性，归根结底都是由海水的高介电常数和高电导率引起的。平面波在海水中的衰减要比在空气中大得多，而且随着频率的升高而迅速增加。虽然电磁波在水下的衰减十分严重，但是它拥有一些声波不具备的优势，如可以穿越水空界面进行传播及十分可观的数据传输速率等。

本实验采用有限元仿真的模式，建立海水中电磁波传输模型，分析海水对电磁波传输特性的影响。

1.4.2 实验内容及步骤

1.打开天线模型

双击桌面HFSS软件图标，单击工具栏File，在菜单中单击Open，找到bamu.aedt文件并打开(图1.6)。

2.分析和扫频设置

(1) 右击左侧项目管理器中HFSSDesign1下的Analysis图标，单击Add Solution Setup，在右侧弹出菜单中单击Advanced，在弹出的窗口中设置Frequency为2.35 GHz，Maximum Number of Passes为20，Maximum Delta Energy为0.2，单击确定。

(2) 右击在Analysis下生成的Setup1图标，在弹出的菜单中单击Add Frequency Sweep，在弹出的窗口中选择Sweep Type为Fast，Frequency Sweeps中的第一项修改为

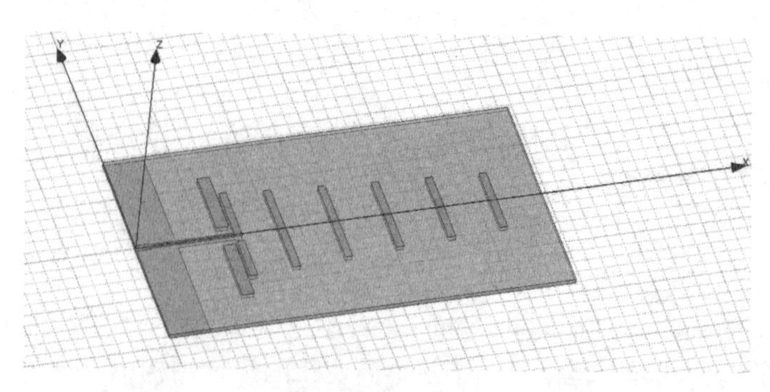

图 1.6 打开文件

Linear Step、Start = 1.95GHz、End = 2.75GHz、Stepsize = 0.1GHz，在 3D Fields Save Options 中勾选 Save Fields，单击确定。

3.添加变量

单击工具栏 HFSS 按键，在弹出的菜单中单击 Design Properties，在弹出的窗口中单击左下方 Add，在弹出的窗口中输入 Name = c、Value = 3E + 8，单击 OK，即添加光速变量。同样，添加 Name = f、Value = 2.4E + 9 为频率变量，添加 Name = wavelength、Value = 1000 * c/fmm 为波长变量，添加 Name = sealength、Value = 4000 * c/fmm 为水体长度变量。

4.创建第二个天线

移动光标到右侧模型区域，按住鼠标左键，选中整个模型，单击工具栏 Thru Mirror 图标，在窗口右下角坐标栏输入 X = 500/2 + 125/4 + 148.5、Y = 0、Z = 0，按下回车后，输入 dX = 1、dY = 0、dZ = 0，表示以 *YOZ* 平面为基准进行复制，复制后的两个天线距离为水体长度和两个四分之一波长的总和(图 1.7)。

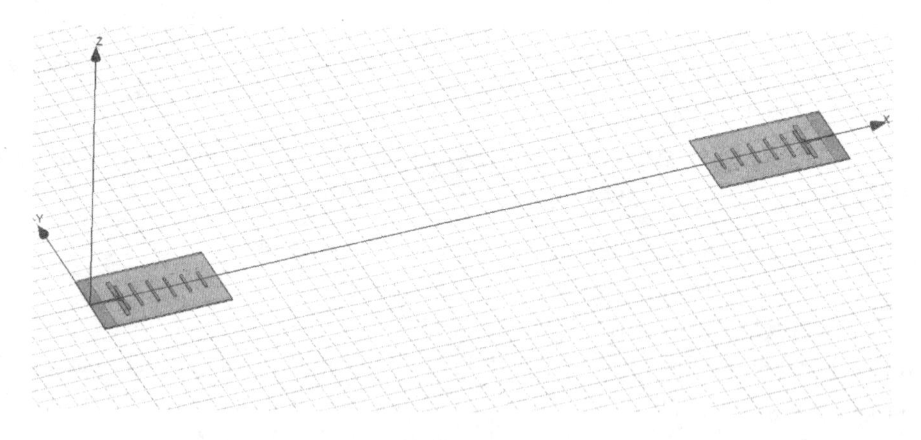

图 1.7 创建第二个天线

5.创建空气盒子

(1) 单击工具栏 Draw 图标，在弹出的菜单中单击 Box，在右侧模型区域任意三处不同的位置单击后生成一个长方体，双击 Model - Solids - vacuum 下的 Box1 图标，修改 Name 为 AirBox，Transparent 为 1，单击确定。

(2) 双击 AirBox 下 CreatBox 图标,在弹出的窗口中修改 Position 为 - wavelength/4、- wavelength/4 - SubY/2、- wavelength/4 - H,XSize 为 sealength + SubX * 2 + wavelength,YSize 为 wavelength/2 + SubY,ZSize 为 wavelength/2 + H,单击确定。

6.创建海水盒子

(1) 单击工具栏 Draw 图标,在弹出的菜单中单击 Box,在右侧模型区域任意三处不同的位置单击后生成一个长方体,双击 Model - Solids - vacuum 下的 Box1 图标,修改 Name 为 SeaBox,Material 为 water_sea,Color 为蓝色,Transparent 为 0.5,单击确定。

(2) 双击 SeaBox 下 CreatBox 图标,在弹出的窗口中修改 Position 为 SubX + wavelength/4、- wavelength/4 - SubY/2、- wavelength/4 - H,XSize 为 sealength,YSize 为 wavelength/2 + SubY,ZSize 为 wavelength/2 + H,单击确定(图 1.8)。

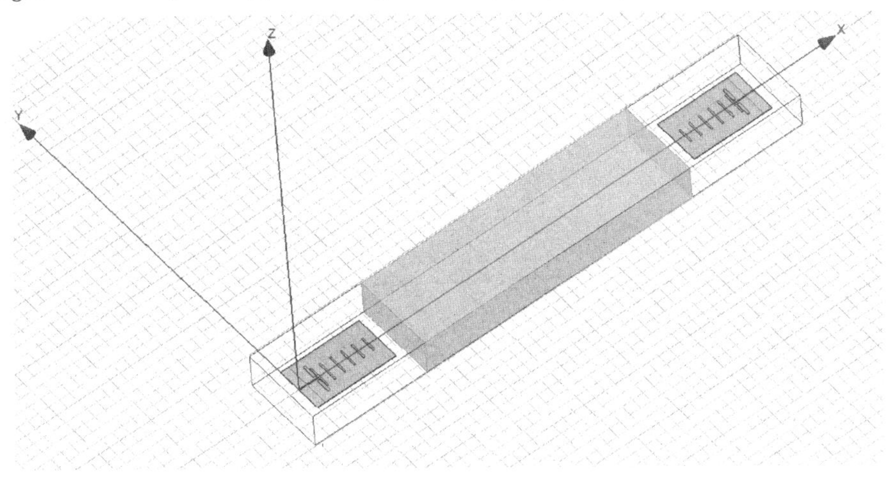

图 1.8 修改 Position

7.创建理想导体边界

(1) 右击 Sheets - Unassigned 下的 dr_1,在弹出的菜单中单击 AssignBoundary,在弹出的菜单中单击 PerfectE,修改 Name 为 GND,单击 OK。此时,项目管理器中 Boundaries 下会生成 GND,dr_1 会移动到 Sheets 下新增的 PerfectE 项下。同样,添加 dr_1_1 为 GND_1,创建理想导体边界如图 1.9 所示。

(2) 右击 Sheets 下的 Unassigned 图标,在弹出的菜单中单击 SelectAll,选中所有对象,然后右击选中的任意对象,在弹出的菜单中单击 AssignBoundary,在弹出的菜单中单击 PerfectE,单击 OK。此时,项目管理器中 Boundaries 下会生成 PerfE1,所有对象会移动到 Sheets 下的 PerfectE 项下。

8.创建辐射边界

右击 vacuum 下的 AirBox,在弹出的菜单中单击 Assign Boundary,在弹出的菜单中单击 Radiation,单击 OK。此时,项目管理器中 Boundaries 下会生成 Rad1,创建辐射边界如图 1.10 所示。

9.创建激励端口

(1) 单击工具栏 Modeler, 在弹出的菜单中单击 Grid Plane, 在弹出的菜单中单

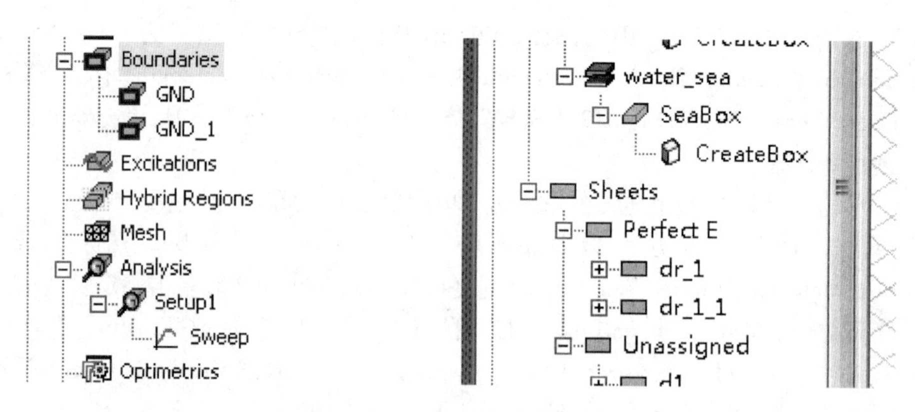

图 1.9 创建理想导体边界

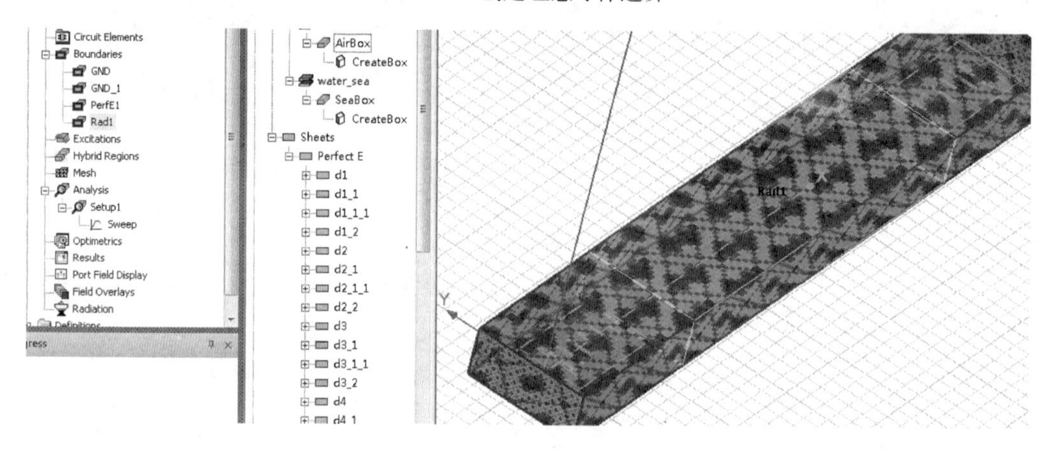

图 1.10 创建辐射边界

击 YZ。

(2) 单击工具栏 Draw 图标,在弹出的菜单中单击 Rectangle,在右侧模型区域任意两处不同的位置点击后生成一个长方形,双击 Model - Sheets - Unassigned 下的 Rectangle2 图标,修改 Name 为 PORT1,单击确定。

(3) 双击 PORT1 下 Creat Rectangle 图标,在弹出的窗口中修改 Position 为 0、- w/2、- H,YSize 为 w,ZSize 为 H,单击确定。

(4) 同样,创建 PORT2,其 Position 为 sealength + SubX * 2 + wavelength/2、- w/2、- H,YSize 为 w,ZSize 为 H,激励 PORT2 如图 1.11 所示。

(5) 右击 PORT1,在弹出的菜单中单击 Assign Excitation,在弹出的菜单中单击 Lumped Port,在弹出的窗口中勾选 dr_1,单击 OK。此时,PORT1 会移动到 Sheets 下的 Lumped Port 下,项目管理器中 Excitations 下会生成 1,双击 1 下的 dr_T1,在弹出的窗口中修改 Terminal Name 为 T1。

(6) 右击 PORT2,在弹出的菜单中单击 Assign Excitation,在弹出的菜单中单击 Lumped Port,在弹出的窗口中勾选 dr_1_1,单击 OK。此时,PORT2 会移动到 Sheets 下的 Lumped Port 下,项目管理器中 Excitations 下会生成 2,双击 2 下的 dr_2_T1,在弹出的窗口中修改 Terminal Name 为 T2。

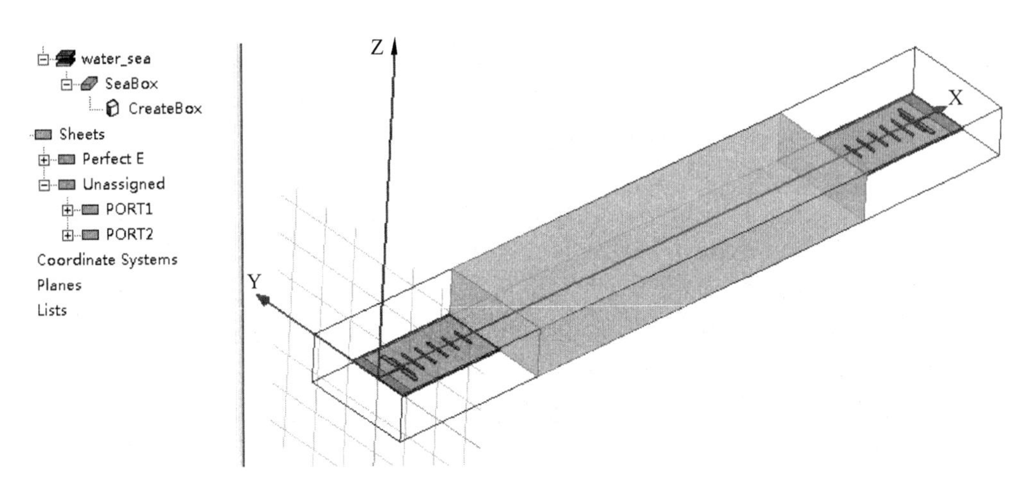

图 1.11 激励 PORT2

10.设计规则检查

单击工具栏 HFSS 图标,在弹出的菜单中单击 Validation Check,确认弹出窗口中是否所有选项均为绿色√,如果存在警告,应对照提示进行设计检查,设计规则检查如图 1.12 所示。

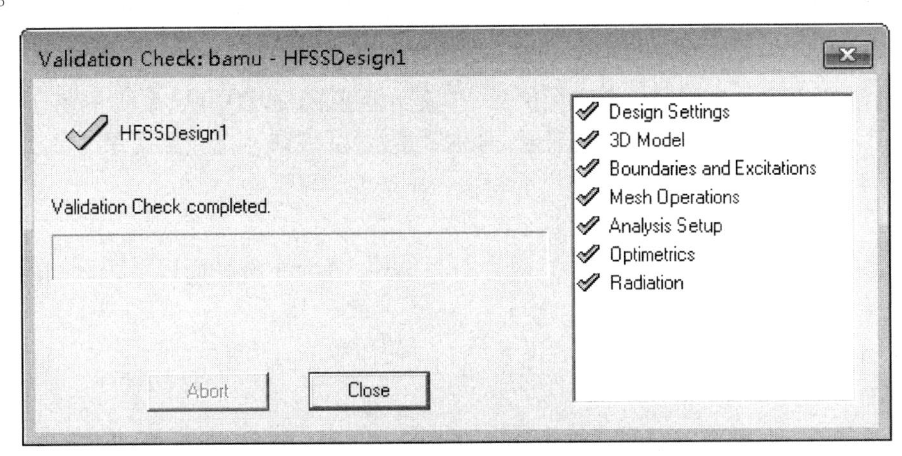

图 1.12 设计规则检查

11.开始仿真

右击 Analysis - Setup1 - Sweep,在弹出的菜单中单击 Analyze,软件开始仿真,在 Progress 窗口中显示当前仿真进度,Message Manager 窗口会提示当前信息,如果仿真出现错误,会在此处提醒。

12.仿真结果分析

右击 Result 图标,在弹出的菜单中单击 Creat Terminal Solution Data Report,在弹出的菜单中单击 Rectangular Plot,在弹出的窗口中选择 Category 为 Terminal S Parameter,选择 St(T1,T1),选择 Function 为 dB,单击 New Report,软件在 Results 下生成 Terminal S Parameter Plot1 项目,该项目包含 dB(St(T1,T1)) 曲线。

1.5 海水探测设计要点

1.5.1 结构设计

海洋浮标是漂浮在水面上的一种航标。浮标用途广泛，其作用是标记航道范围，指示浅滩或危及航行的障碍物。海洋浮标是以锚定在海上的探测浮标为主体组成的海洋水文水质气象自动探测站，被固定在指定的海域，随波起伏，如同航道两旁的航标。它是一种无人值守、高度自动化、先进的海洋气象水文探测遥测设备，可以按照规定要求长期、连续地为海洋科学研究、海上石油开发、港口建设和国防建设收集所需要的海洋水文气象资料，特别是能收集到调查船难以收集的恶劣天气及海况的资料。

沿海和海岛探测站探测到的数据只能反映近海和临岛海域的情况，对远洋航行起不了作用，而建立海洋浮标就可以解决这个问题。海洋浮标在大海上毫不显眼，但它的作用却不小，能在任何恶劣的环境下进行长期、连续、全天候的工作，每日定时测量并且发报出多种水文水质气象要素。

1.海洋监测浮标

海洋监测浮标主要由浮体、桅杆、锚系和配重组成，功能模块主要由供电、通信控制、传感器等组成。

水上桅杆部分主要用来搭载太阳能板、气象类传感器、通信中断、系统主控仓和蓄电池盒等。水下部分搭载水文水质传感器，分别测量水文（波浪、海流、温盐深等参数）和水质（叶绿素、藻类及各类溶解在海水里的相关物质浓度）等要素。

（1）主要部分功能。

① 浮标体。浮标主体，产生浮力，内为空心结构，部分在海平面以上，部分在海平面以下，其余各部分依附于其上。

② 锚系架。位于海平面以下，放置于地上时使浮标立起，漂浮在海上时与锚索拴在一起，对浮标起到定位作用。

③ 系统主控仓和蓄电池盒。位于浮标海上部分的中心位置，是浮标的控制中心和储能装置，接收各传感器的信号，处理后发回探测部门。

④ 配重块。三个对称位置，内置铅块或其他材质重物，使浮标稳定在海上，提高抵御风浪的能力。

⑤ 定位螺丝。用来固定配重块。

⑥ 固定吊环。便于运输过程中的固定及在海上的抓取。

⑦ 太阳能板。固定太阳能电池板，是能量输入装置。

⑧ 各传感器部件。水上部分的空气温湿度传感器置于顶端，尽量远离海面，以减少海水对空气湿度的影响；水下部分的传感器位于保护壳内，下有小孔令海水进入，以测量海水水温、水质等参数。

（2）参考模型图纸。

海洋监测浮标参考模型图纸如图1.13所示。

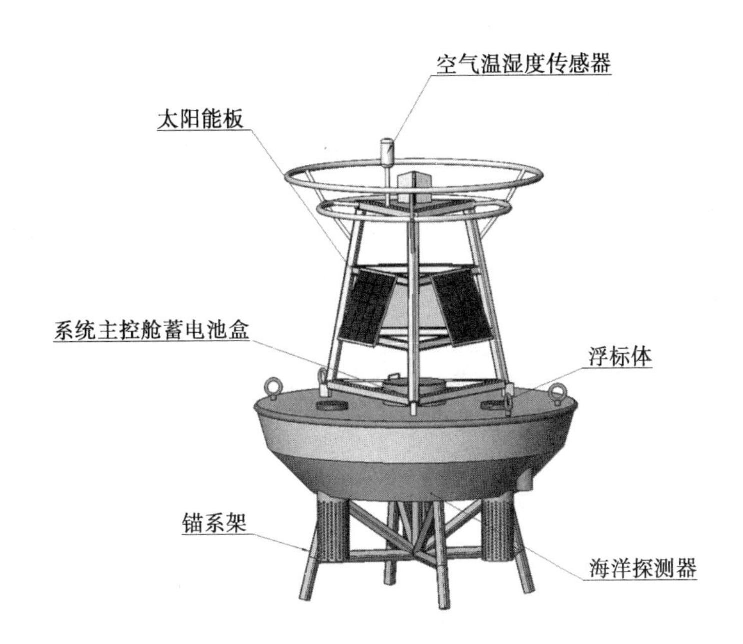

图 1.13　海洋监测浮标参考模型图纸

(3) 建模结果及结构分析。

海洋监测浮标分为两部分,即水上部分和水下部分。水上部分主要是空气温湿度传感器、太阳能板和系统主控仓蓄电池盒,由太阳能板提供续航的电能给蓄电池盒来维持海洋浮标的正常运行;水下部分则由浮标体、配重块和锚系架组成,主要是固定海洋浮标。海洋监测浮标建模结果如图 1.14 所示。

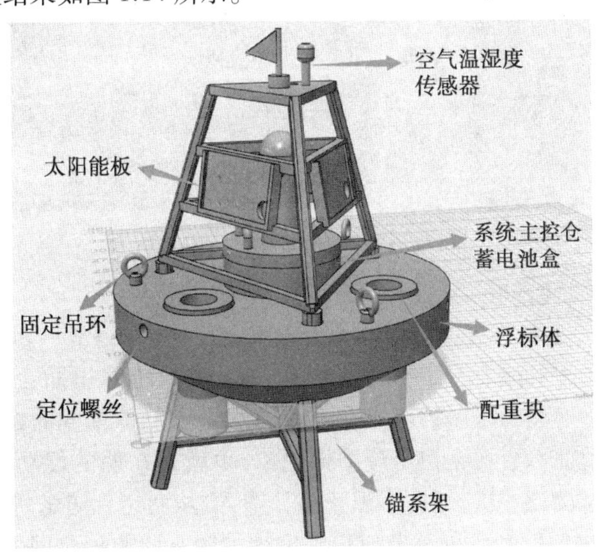

图 1.14　海洋监测浮标建模结果

2.测量船设计

(1) 任务背景。

测量船又称“海道测量船”,是专门从事各海区、港口和航道的水深及障碍物等测量、定位的船舶，属于工程船舶。其测得的资料提供给航海图书编绘部门供编绘海图和航海资料用，以保障航海安全。

专门执行海洋、江河、湖泊测量调查任务的船舶根据不同的任务，在船上安装各种必要的专用仪器和工具，以进行水深测量、底质探测、海洋大地测量、重力测量、磁力测量、水下工程施工测量、水文探测及搜集编制海图所需的各种资料等工作。大型测量船一般执行远海测量调查任务，以综合性测量为主；中型测量船一般执行近海测量任务；小型测量船主要进行沿岸、江河、湖泊水域的测量任务。

（2）结构设计。

通常，船体可大致分为主船体和上层建筑两部分。主船体是船体结构的主要部分，是由船底、舷侧、上甲板围成的水密空心结构，其内部空间又由水平布置的下甲板、沿船宽方向布置的横舱壁和沿船长方向布置的纵舱壁分割成许多舱室。

（3）实物图。

测量船实物图如图1.15所示。

图1.15 测量船实物图

（4）建模结果及结构分析。

① 防水。舰船的密封装置主要由两部分组成，分别是外部密封和内部密封。而在外部密封与内部密封之间形成有一定空间的相隔空隙，这个空隙里面会被填充满润滑油和海水，并且为其加压，形成的正压力可以在阻止海水进入船体的同时给船的滚动轴加油，因此高速运转的传动轴不会那么快出现磨损现象，也就是在船的传动轴与舰船内部连接之间填满了油料，或人为地制造气压来阻止水分渗入，从而达到防水的效果。

② 防锈。大气中的氧和水分是造成户外钢铁结构腐蚀的重要因素，海洋大气含有大量的盐，主要是 NaCl，盐颗粒沉降在金属表面上，由于它具有吸潮性及增大表面液膜的导电作用，同时 Cl^- 本身又具有很强的侵蚀性，因此加重了金属表面的腐蚀。金属锌、铝具有很大的耐大气腐蚀的特性。在钢铁构件上喷锌或喷铝，由于锌、铝是负电位，因此与钢铁形成牺牲阳极保护作用，从而实现了钢铁的防锈保护。

③ 抗压。理论上可以把船体视为一空心薄壁梁,它所受的力包括总纵弯曲力、横向力、局部力三部分,外板厚度根据需要沿船长方向发生变化。抗压结构示意图如图 1.16 所示。

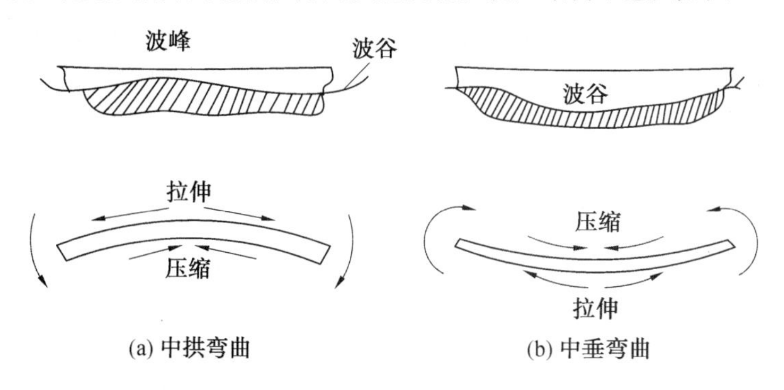

图 1.16 抗压结构示意图

随着水深的加深,水对船体压强增大,船体下部的横向强度要求变高。船体停靠码头与其他船体发生碰撞,船体水线以上舷侧部分强度要高。船体锚穴处、系缆桩及甲板连接处有很强的外力和应力,要对其进行局部加强。测量船建模结果如图 1.17 所示。

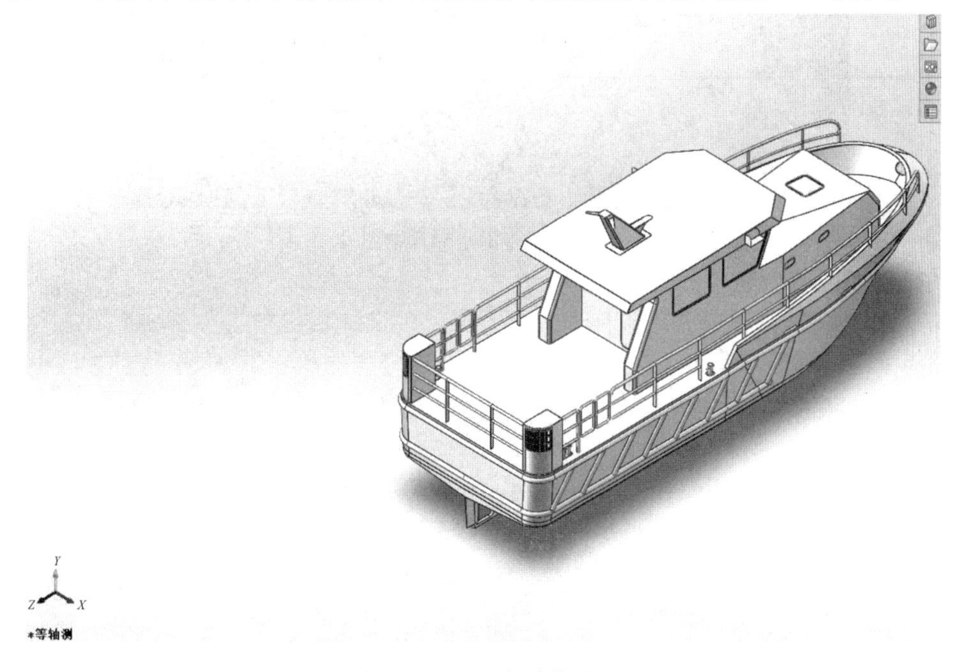

图 1.17 测量船建模结果

3.潜水器设计

(1) 结构设计。

潜水器的动力装置一般以蓄电池为能源,系缆潜水器则通过电缆由母船提供电能。潜水器一般装有多个推进器,可朝不同方向运动,利用主压载舱、质量调整装置或纵倾调整装置来控制潜水器的稳定。潜水器还装有氧气供给与二氧化碳吸收的环境控制装置。

潜水器还根据需要装有罗经、深度计、障碍物探测声呐、高度深度声呐、方位探测听音机和各种水声通信设备,以及供水下作业用的机械手、水下电视和照明设备。

潜水器具有海底采样、水中观察测定,以及拍摄录像、照相、打捞等功用,广泛应用于海洋基础学科的研究和海洋资源的调查、开发,对这些领域的发展起到了重大作用。

载人潜水器有坚固的耐压壳,耐压壳外装有可减少航行阻力的外壳。艇上的蓄电池、高压气瓶等设备装在非耐压结构的外壳中,以提供一部分浮力。

(2) 实物图。

潜水器实物图如图 1.18 所示。

图 1.18 潜水器实物图

(3) 建模结果及结构分析。

潜水器建模结果如图 1.19 所示。

图 1.19 潜水器建模结果

① 抗压。为对抗深海 60 ~ 110 MPa 的海水压力,深海载人潜水器耐压结构的设计和制造至关重要。壳体设计为圆柱形筒体和球形端盖组合形式,材料选择高强度厚钢板。

② 防锈。一种方法是通过喷漆来隔绝钢结构和海水;另一种方法是采用仿生技术,如模仿天堂凤蝶翅膀反面微观结构,采用电化学蚀刻法将船壳处理为具有良好疏水性能的特征结构,有效防止微生物黏附和生锈。

③ 防水。潜水器含有密封舱室,可以有效防水。

1.5.2 防水和防锈设计

1.腐蚀与防护的总体介绍

(1) 腐蚀。材料与环境介质之间发生物理化学和电化学相互作用导致的材料变质和破坏称为腐蚀。

(2) 腐蚀反应本质。腐蚀反应的本质是金属被氧化的氧化还原反应,金属失去电子被氧化,氧化剂得到电子被还原。

(3) 腐蚀的充分必要条件。介质中有能使金属氧化的化学物质存在,常见的有 H 离子、O 离子、Fe 离子。

(4) 防腐的目的。低成本降低腐蚀对材料性能和使用寿命的影响。

(5) 防腐措施。耐腐蚀材料、表面涂装、缓蚀剂、电化学保护。

2.耐腐蚀材料

(1) 铸铁。普通铸铁在海洋环境中腐蚀很严重,但其具有优良的加工性能,容易铸造出形状复杂的零部件。在铸铁中加入其他金属元素进行合金化,能够提高铸铁的耐腐蚀性能,一般加入的金属元素有 Cu、Sb、Sn、Cr 和 Ni。

(2) 铜和铝。铜和铝在海洋环境中都能发生电化学反应,在海洋环境中不能长时间使用。

(3) 不锈钢。不锈钢在海洋环境中的腐蚀因钢号的不同或海洋环境的不同而有较大的差异。实验表明,含铬量大于 17% 的不锈钢 1Cr18Ni9Ti、00Cr19Ni10 和 000Cr18Mo2 基本不腐蚀,只是表面失去金属光泽;含铬量较低的发生全面锈蚀。

3.表面涂装

(1) 前期处理。

① 清洁度。去除钢铁表面的氧化皮、油污、焊接附着物。

② 粗糙度。对喷涂物件进行喷砂或喷丸处理,将表面粗化,提高涂装的黏接强度。

③ 表面除锈。热轧钢板表面存在较多缝隙易发生腐蚀,在喷涂之前应采用喷射除锈、动力工具除锈、酸洗除锈。

(2) 喷涂漆面要求。

① 碳钢喷涂。环氧富锌底漆涂层厚度为 50 ~ 75 μm,环氧云铁中间漆涂层厚度为 125 ~ 175 μm,聚氨酯面漆涂层厚度为 50 ~ 75 μm,因此涂层总厚度达到 200 ~ 300 μm,环境温度为 − 50 ~ 120 ℃。

② 不锈钢喷涂。不锈钢的表面喷涂不允许带有其他杂质金属元素的涂料和含氯涂料,所以不能使用环氧富锌底漆,也不能使用氯化橡胶和氯化聚乙烯之类的涂料,而采用

环氧涂料进行防腐处理。环氧底漆涂层厚度为 150 ~ 200 μm,聚氨酯面漆涂层厚度为 50 ~75 μm,因此涂层总厚度为 300 ~ 400 μm,环境温度为 - 50 ~ 120 ℃。

4.缓蚀剂

缓蚀剂是一种以适当的浓度存在于使用环境中的介质,可以起到减缓腐蚀速度的作用,达到防腐的目的。

5.电化学保护

(1) 阴极保护原理。根据金属化学保护原理,金属在电解质溶液中表面存在电化学的不均匀性,会在表面形成无数微电池,阳极不断遭到腐蚀,阴极部分得到保护。

(2) 牺牲阳极保护法。将电位较负的金属作为阳极,与被保护的金属结构相连接。当浸入电解质溶液时,由于它们之间的电位差,因此电位较负的金属为阳极。由于阳极以离子状态溶解,因此靠阳极材料溶解而产生的直流电使受保护的结构被极化为阴极而避免了腐蚀。

6.海洋防腐设计原则

设计时要考虑单一材料自身的性质及相互接触的材料之间的配合方式。例如,对于不锈钢的螺栓,设计时就要避免选用铜垫圈,因为铜和钢之间可以形成原电池,加速钢的腐蚀。腐蚀容易从尖端开始,在不影响使用的前提下,端部最好设计成弧形。管道、罐、容器等设备的厚度一般要设计成可预见的腐蚀深度的 2 倍。在满足使用要求的前提下,结构要尽量简单,易于触及,减少缝隙腐蚀和滞留物引起的死角腐蚀。边缘和角顶位置要加工圆角或倒角。尖锐的边缘和不规则的表面对于设备的涂装、电镀等保护处理都是不利的。对于暴露于大气的结构,设计时要力求使空气容易流通,使水蒸气不容易在结构上停留,或完全隔离。

设计时要防止结构沉积和滞留,易于排水,尽量设计成有斜面。设计时要尽量避免连接,必须连接处要用焊接而不使用螺栓连接和铆钉连接,焊缝要用对接而不要用搭接。不连续的焊接和点焊只能用在腐蚀风险非常小的地方。避免不同种或不同状态的金属的接触造成电偶的腐蚀(接触腐蚀、双金属腐蚀),将不同金属进行表面处理以使其表面状态相同,或者在两种金属连接时使用非金属材质隔绝。

1.5.3 防水、防锈设计材料

1.高性能钢

首先是材料部分,可以采用不同种类的材料来应对海洋对探测器的破坏。高性能钢不仅具有一般钢材承受能力强、易加工和价格低等优点,而且韧性、疲劳强度和吸收能量的性能都很好。高性能钢主要用于海底管道和海洋系泊链的制造,也用于耐压壳体的制造。例如,美国深潜器的耐压壳主要使用 Hy 系列调质钢和合金钢,日本潜艇多用 NS - 30、NS - 46、NS - 63、NS - 80、NS - 90 和 NS - 110 等高性能钢。

2.合金材料

深海用合金材料主要包括钛合金、镍合金、铝合金及铜镍合金,它们都是良好的耐腐蚀材料。钛合金材料是工业中耐腐蚀性能最好的材料之一,常被应用到深潜器和水下机器人中,在搜寻法航 447 黑匣子中发挥巨大作用的 Remus6000 水下机器人和我国的“蛟龙号”载人潜水器都应用了钛合金材料 Ti - 6Al - 4V。深海环境的特殊性也对材料提出了一些特殊的要求，如耐蚀性、水密性、轻质性和防止生物附着性等，而铝合金的密度小、轻度高、导电导热性好、耐腐蚀、易加工的特性使其很好地符合了这种要求，因此在海洋环境中得到了很好的应用。由于铝合金材料的优异性能，因此很多国家广泛开展了将铝合金材料应用于深海的研究，尤其是提高其抗腐蚀性能的研究，铝合金材料得到了广泛利用。

3.复合材料

复合材料是由一个作为基质的聚合材料、金属材料或陶瓷材料和一个作为增强材料的纤维或微粒物质构成的材料。复合材料具有质量轻、强度高、耐腐蚀性强、耐湿性强、抗疲劳性好等特点，因此被广泛应用于深海工程材料中。目前，复合材料主要用于生产带式管缆和系缆、“形状感应毡”、维缠绕复合材料立管及可卷绕复合材料管线。

4.防腐涂料

涂料是船舶和海洋结构腐蚀控制的首要手段。按防腐对象材质和腐蚀机理的不同，海洋防腐涂料可分为海洋钢结构海洋防腐涂料和非钢结构海洋防腐涂料。海洋钢结构海洋防腐涂料主要包括船舶涂料、集装箱涂料、海上桥梁涂料，以及码头钢铁设施、输油管线、海上平台等大型设施的防腐涂料；非钢结构海洋防腐涂料则主要包括海洋混凝土构造物防腐涂料和其他防腐涂料。

海洋防腐涂料包括车间底漆、防锈涂料、船底防污涂料、压载舱涂料、油舱涂料、海上采油平台涂料、滨海桥梁保护涂料及相关工业设备保护涂料。海洋防腐涂料的用量大，每万 t 船舶需要使用4 ~ 5万 L 涂料。涂料及其施工的成本在造船中占10% ~ 15%，如果不能有效防护，整个船舶的寿命将至少缩短一半，代价巨大。

海洋防腐领域应用的重防腐涂料主要有环氧类防腐涂料、聚氨酯类防腐涂料、橡胶类防腐涂料、氟树脂防腐涂料、有机硅树脂涂料、聚脲弹性体防腐涂料及富锌涂料等，其中环氧类防腐涂料所占的市场份额最大。实际上，从涂料使用的分类看，涂料可以分为底漆、中间漆和面漆。其中，底漆主要有富锌底漆（有机的为环氧富锌；无机的为硅酸乙酯）、热喷涂铝锌；中间漆主要有环氧云铁、环氧玻璃鳞片；面漆主要有聚氨酯、丙烯酸树脂、乙烯树脂等。

5.缓蚀剂

具有表面活性的化学物质在金属表面上首先进行物理吸附，然后转化为化学吸附，占据金属表面的活性点，从而达到抑制腐蚀的作用。缓蚀剂的类别有无机类缓蚀剂、有机类缓蚀剂、复配缓蚀剂、其他缓蚀剂等。缓蚀剂在封闭场合经常使用，包括油井、输油气的船舶等。因此，缓蚀剂也与阻垢剂、杀菌灭藻剂、清洗剂等联用，又发展出缓蚀阻垢剂等。

1.5.4 防水、防锈处理方法

1.表面处理与表面改性

改性又称表面处理，采用化学物理的方法改变材料或工件表面的化学成分或组织结构，以提高部件的耐腐蚀性。化学热处理（渗氮、渗碳、渗金属等）、激光重熔复合、离子注入、喷丸、纳米化、轧制复合金属等是比较常用的表面处理方法。前三种处理方法是改变表层的材料成分，中间两种处理方法是改变表面材料的组织结构，最后一种则是在材料表面复合一层更加耐腐蚀的材料。

虽然对于大面积的海上构筑物可以采用重防腐涂料等防护技术，但对于许多形状复杂的关键部件，如管件、阀门、带腔体、钢结构螺栓、接头等复杂结构的零部件，在其内部刷涂层比较困难，传统的防腐涂料无法进行有效保护，并且很难达到使用要求。因此，一方面通过提高材料等级来防腐，如使用黄铜、哈氏合金、蒙乃尔合金、钛等金属材料来制作复杂的零部件；另一方面亟须发展先进的低成本表面处理等防腐技术。例如，随着超深、高温、高压、高硫、高氯和高二氧化碳油气田尤其是海上油气田的相继投产，传统单一的材料及其防腐技术已不能满足油气田深度开发的需要，双金属复合管的应用正在迅速扩大，即采用更耐腐蚀的材料作为管道的内层金属实现抗腐蚀。

钛合金密度小、比强度高、可加工性好、耐海水腐蚀性强，是一种优异的船舶材料，常用作复合材料的顶层（当然也可以单独使用）以耐腐蚀。然而，钛合金较低的耐磨性能、耐高温氧化性能及其对异种金属的电偶腐蚀等制约了其在船舶中的实际应用。通过微弧氧化在钛合金表面原位生长氧化物陶瓷层，可显著改善钛合金的以上性能。

对于复杂结构部件，常采用化学镀镍进行表面处理。近年来，银／钯贵金属纳米膜化学镀是一种新的方法，它与基体形成化学电偶。

海洋工程中使用的关键运动部件，如柴油机汽缸套、燃机轮机叶片、传动系统减速箱、齿轮、蜗轮、蜗杆、各类传动轴、钻铤、钻头、井下打孔工具、稳定器、推进器、滚轴等，常服役于高温、高压、高湿、高磨损、高冲蚀等恶劣环境条件下，其腐蚀、磨损速率比陆地严重数倍以上。这些关键部件发生故障，除要负担新件的高额成本外，还要承担由此造成的重大停工、停产损失甚至包括人员伤亡损失。关键部件的安全运行与高可靠性往往标志着一个国家海洋工程装备技术的先进程度，这些部件通常都需要进行表面处理或改性。

以先进热喷涂技术、先进薄膜技术、先进激光表面处理技术、冷喷涂为代表的现代表面处理技术是提高海洋工程装备关键部件性能的重要技术手段。

超音速火焰喷涂（High Velocity Oxygen Fuel，HVOF）是20世纪80年代出现的一种热喷涂方法，它克服了以前的热喷涂涂层孔隙多、结合强度不高的弱点。HVOF制备耐磨涂层替代电镀硬铬层是其最典型的应用之一，已应用在球阀、舰船的各类传动轴、起落架、泵类等部件中。近年来，低温超音速火焰喷涂（Low - Temperature HVOF，LT - HVOF）因其焰流温度低、热量消耗少、沉积效率高而成为HVOF的发展趋势。应用LT - HOVF可获得致密度更高、结合强度更好的金属陶瓷涂层或金属涂层。例如，在钢表面制备致密的钛涂层，提高钢的耐海水腐蚀性能；在舰船螺旋桨表面制备NiTi涂层，提高螺旋桨的抗空蚀性能。

等离子喷涂是以高温等离子体为热源，将涂层材料融化制备涂层的热喷涂方法。由于等离子喷涂具有火焰温度高的特点，非常适合制备陶瓷涂层，如 Al_2O_3、Cr_2O_3 涂层，因此提高了基体材料的耐磨、绝缘、耐蚀等性能。但是，等离子喷涂制备的涂层存在孔隙率高、结合强度低的不足。近年来发展的超音速等离子喷涂技术克服了这些不足，成为制备高性能陶瓷涂层极具潜力的新方法。

气相沉积薄膜技术主要包括物理气相沉积和化学气相沉积。利用气相沉积薄膜技术可在材料表面制备各种功能薄膜，如起耐磨、耐冲刷作用的TiN、TiC薄膜，兼具耐磨与润滑功能的金刚石膜，耐海水腐蚀的铝膜等。

激光表面处理是用激光的高辐射亮度、高方向性、高单色性特点作用于金属材料特别是钢铁材料表面，可显著提高材料的硬度、强度、耐磨性、耐蚀性等一系列性能，从而延长产品的使用寿命并降低成本，如利用激光熔敷技术对扶正器进行表面强化来提高其表面耐磨、耐蚀性能。激光技术的另一个重要应用则是对废旧关键部件进行再制造，即以明显低于制造新品的成本，获得质量和性能不低于新品的再制造产品，如对船用大型曲轴和扶正器的再制造等。

冷喷涂是俄罗斯发明的一种技术，由于喷涂温度低，因此在海洋工程结构的腐蚀防护中具有潜在的应用价值。

总之，现代表面工程技术是提高海洋工程装备关键部件表面的耐磨、耐腐蚀、抗冲刷等性能，满足海洋工程材料在苛刻工况下的使役要求，延长关键部件使用寿命与可靠性、稳定性的有效方法，也是提升我国海洋工程装备整体水平的重要途径。

2.电化学保护

金属 - 电解质溶解腐蚀体系受到阴极极化时，电位负移，金属阳极氧化反应过电位减小，反应速度减小，因此金属腐蚀速度减小，称为阴极保护效应。电化学(阴极)保护法分为两种：牺牲阳极阴极保护和外加电流阴极保护。

(1) 牺牲阳极阴极保护。是将电位更负的金属与被保护金属连接，并处于同一电解质中，使该金属上的电子转移到被保护金属上，使整个被保护金属处于一个较负的相同的电位下。该方式简便易行，不需要外加电源，很少产生腐蚀干扰，广泛应用于保护小型(电流一般小于 1 A) 金属结构。对于牺牲阳极的使用有很多失败的案例，其失败的主要原因是阳极表面生成一层不导电的硬壳，限制了阳极的电流输出。

(2) 外加电流阴极保护。是通过外加直流电源及辅助阳极，迫使电流从介质中流向被保护金属，使被保护金属结构电位低于周围环境。该方式主要用于保护大型金属结构。

近年来，深海环境下材料及构件阴极保护的研究受到了格外的重视。阴极保护可以采用牺牲阳极方式，也可以采用外加电流方式。从可靠性和管理维护等方面来看，以牺牲阳极阴极保护居多。

腐蚀、生物侵蚀和污染使海洋建筑物付出极大代价。世界近海工程的发展推动了这方面的研究工作。新的阴极防护系统和先进的保护涂料得到了发展，后者包括特殊的抗污染的化合物和防腐掺合剂。腐蚀作用随环境不同而呈现出巨大差异。

世界各国对舰船的腐蚀问题给予了高度重视，如美国海军舰船通用规范等都提出了采用阴极保护与涂层联合防腐蚀的措施，并对方案设计、设备选型、系统安装、调试验收、日常维护进行了详细的规定。

目前，国外舰船阴极保护技术的发展主要体现在两个方向：一是阴极保护设计技术的提高，如采用计算机辅助优化设计；二是外加电流阴极保护系统各部件材料的不断改进和性能的不断提高，如辅助阳极及混合金属氧化物阳极等。

我国也早在 20 世纪 60 年代就开始了外加电流阴极保护实船试验，并在 20 世纪 70 年代初就在第一艘驱逐舰上成功安装了外加电流系统。我国于 1982 年制定了“船体外加电流阴极保护系统”的国家标准,目前研制出的外加电流阴极保护装置也已在舰船上大量安装使用。

外加电流阴极保护的关键首先是电流分布场的计算,其次是施加电流的设备。

20世纪60年代开始,我国开发了一系列的常规牺牲阳极材料,目前无论船舶还是海洋工程结构的常规阴极保护都大多采用了国产阳极,几乎完全实现了国产化,并且已大量出口。近年来,我国也开发了深海牺牲阳极(深海环境)、低电位牺牲阳极(高强钢等氢脆敏感材料)和高活化牺牲阳极(干湿交替环境)材料。

3.结构健康检测

无论是钢结构还是混凝土中的钢筋,监测与检测是掌握腐蚀状态的关键手段,其可以进行结构的提前预警,同时也是寿命评价的基础,从而保证了装备及人员的安全。监测的参数主要包括腐蚀电位、阴极保护效果、结构的腐蚀速度、海生物污损情况、涂层状况、结构厚度变化、材料中的氢含量、环境参数等单参数及多参数,参数监测和智能化的实时原位监测可实现工程结构全寿期内的腐蚀状态分析和寿命评估。我国的海洋腐蚀监测/检测设备及基础设施的监控比较薄弱。目前,海洋腐蚀监测手段也仅在200 m以上的海域应用比较成熟,在200 m以下水深的腐蚀判断标准不明确和腐蚀环境数据匮乏造成了腐蚀监测的不确定性。

本章参考文献

[1] 蔡成涛,苏丽,梁燕华.基于视觉的海洋浮标目标探测技术[M].哈尔滨:哈尔滨工程大学出版社,2015.

[2] 张杰.海洋遥感探测技术与应用[M].武汉:武汉大学出版社,2017.

[3] 陈鹰,黄豪彩,瞿逢重,等.海洋技术教程[M].2版.杭州:浙江大学出版社,2018.

[4] 陈鹰.海洋技术基础[M].北京:中国海洋出版社,2019.

[5] 杨坤德,雷波,卢艳阳.海洋声学典型声场模型的原理及应用[M].西安:西北工业大学出版社,2018.

[6] 赵淑江,吕宝强,王萍,等.海洋环境学[M].北京:海洋出版社,2011.

[7] 薛彬.海洋探测仪器[M].北京:海洋出版社,2020.

[8] 陈顺怀,汪敏,金雁.船舶设计原理[M].武汉:武汉理工大学出版社,2020.

[9] 谢拥军,刘莹,李磊,等.HFSS原理与工程应用[M].北京:科学出版社,2009.

[10] 袁子鹏,陈力强,李辑.辽宁省海洋气候与资源[M].北京:气象出版社,2015.

[11] 李东光.防锈剂配方与制备200例[M].北京:化学工业出版社,2018.

第 2 章　海洋环境探测技术

2.1　LoRa 无线网

LoRa 即远距离无线电(Long Range Radio),其最大特点是在同样的功耗条件下比其他无线方式传播的距离更远,实现了低功耗和远距离的统一,在同样的功耗下比传统的无线射频通信距离扩大了 3 ~ 5 倍。LoRa 是美国 Semtech 公司采用和推广的一种基于扩频技术的超远距离无线传输方案、低功耗局域网无线。LoRa 具有灵敏度高、传输距离远、工作功耗低、组网节点多等优点,其主要应用于物联网行业,如无线抄表(电表/水表)、工业自动控制、环境监测、环保监测等。

2.1.1　LoRa 技术特点

LoRa 的优势是通信距离远,远传输距离在城镇可达 2 ~ 5 km,在郊区可达 15 km,+ 22 dBm 功率放大器和超过 - 148 dBm 的高灵敏度使得 LoRa 在噪声下仍可正确解调数据,其工作频率为 ISM 频段(包括 433 MHz、868 MHz、915 MHz 等),通信标准为 IEEE 802.15.4g。150 ~ 960 MHz 的频率范围加上 5 ~ 12 的扩频因子可以相互组合成互不干扰的多信道通信。低功耗、小于 120 mA 的发射电流和小于 10 mA 的接收电流可以保证同样电池下待机更久,电池寿命长达 10 年。一个 LoRa 网关可以连接成千上万个 LoRa 节点,企业可自行组网,运营成本低,调制方式基于扩技术。其是线性调制扩频(Chirp Spread Spectrum,CSS)的一个变种,具有前向纠错(Forward Error Correction,FEC)能力,信号安全为采用 AES128 加密。其劣势为在高扩频因子下发射速率慢,为几十到几百 kbit/s,速率越低,传输距离越长,如扩频因子 11,带宽 250 kHz,发射 100 bit 大约需要 1 s。在高扩频因子下由于发射速率慢,因此发射时间长,耗能更多,占用信道时间长,增加了冲突的可能性。

LoRa 适用的应用场景包括无线抄表(电表、水表、气表、热表等)、缓慢变化物理量(温度、水压、$PM_{2.5}$、地磁感应)超低功耗传感器、无线报警器(烟雾探测器、热释红外传感器)、远程控制器(灯光控制、空调控制)。

1.扩频因子

扩展频谱通信技术(Spread Spectrum Communication)是将信息信号的带宽扩展很多倍进行通信的技术,其基本特点是传输信息所用信号的带宽远大于信息本身的带宽。LoRa 采用多个信息码片来代表有效负载信息的每个位,扩频信息的发送速度称为符号速率(RS),扩频因子(SF) = 码片速率/符号速率,其表示每个信息位需要发送的符号数量。

扩频因子越大,有效数据的编码长度越长,导致有效数据的发送速率越小,但可以降低误码率,提高信噪比(信号与噪音的比值理论上越大越好)。例如,有效数据位为8 bit,假设扩频后数据位为160 bit,扩频因子为20,需要传输的数据量扩大了20倍,这就导致同样的有效数据需要实际发送的数据位增多,实际有效数据大、发送速度变慢。因此,扩频因子越大,传输的数据速率(比特率)就越小。

LoRa的扩频因子可以从7到12。传输距离与扩频因子长度成正比,与传输速度则或反比,一般速度为5.5 ~ 300 kbit/s。

常规的数字数据通信原理是使用与数据速率相适应的尽可能小的带宽。扩频通信的原理是尽可能使用最大带宽数。同样的能量在一个大的带宽上传播,根据香农信道容量公式 $C = W \times \log_2(1 + S/N)$ 加大带宽 W 或提高信噪比 S/N,即增加信号带宽,可以降低对信噪比的要求。当带宽增加到一定程度时,允许信噪比进一步降低,有可能实现有用信号功率接近噪声功率甚至淹没在噪声之下。因此,LoRa的扩频技术具有很强的抗干扰能力,可以在非常低的SNR范围内(低于噪声水平 -20 dB)工作。

2.编码率

LoRa编码率(或信息率)是数据流中有用部分(非冗余)的比例。也就是说,如果编码率是 k/n,则对每 k 位有用信息,编码器总共产生 n 位的数据,其中 $n-k$ 是冗余的。LoRa采用循环纠错编码进行前向错误检测与纠错,使用该方式会产生传输开销。

3.信道带宽

信道带宽(BW)是限定允许通过该信道的信号下限频率和上限频率,可以理解为一个频率通带。例如,一个信道允许的通带为1.5 ~ 15 kHz,则其带宽为13.5 kHz。在LoRa中,增加BW,可以提高有效数据速率以缩短传输时间,但是以牺牲部分接收灵敏度为代价。对于LoRa芯片SX127x,LoRa带宽为双边带宽(全信道带宽),而FSK调制方式的BW指单边带宽。

4.空中速率

空中速率,表示LoRa/FSK无线(在空气中的)通信速率,又称空中波特率,其单位为kbit/s。LoRa空中速率高,则数据传输速度快,传输相同数据的时间延迟小,但传输距离会变短。

2.1.2 LoRa模块配置

当使用网关(中心模块)进行组网通信时,建议使用不同的收发频点,有效避免节点之间互相干扰。LoRa模块与网关(中心模块)组网通信如图2.1所示。

节点模块A、B、C与网关(中心模块)组网通信时收发频率分别在不同的频点,上行434 MHz,下行433 MHz,节点模块的发送频点对应网关的接收频点,节点的接收频点对应网关的发送频点。本书使用LoRa模块的配置软件(也可以使用调试助手输入AT命令配置)对网关和节点模块分别进行配置(图2.2、图2.3)。

网关和节点的参数配置只有频率是不一样的,其他参数应保持一致。由于各节点与网关的距离很近,因此网关和节点的扩频因子都设置到了最小值7,带宽设置为最大值500 kHz。

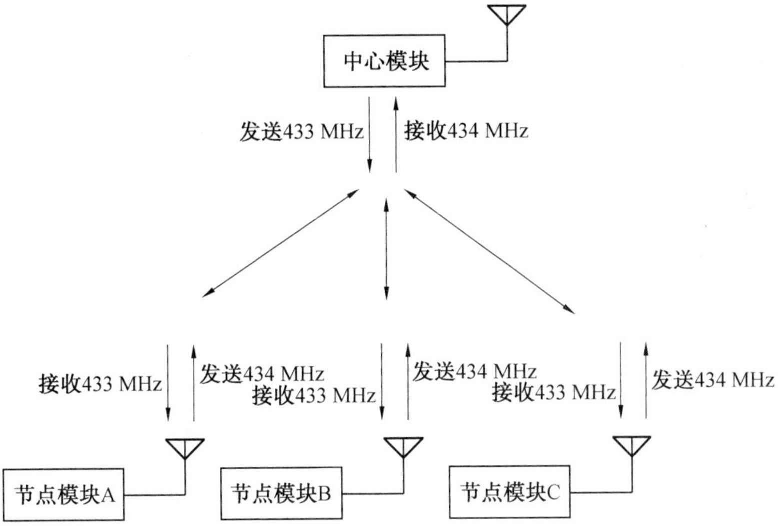

中心模块

发送433 MHz　接收434 MHz

接收433 MHz　发送434 MHz

接收433 MHz　发送434 MHz

接收433 MHz　发送434 MHz

节点模块A　节点模块B　节点模块C

图 2.1　LoRa 模块与网关(中心模块)组网通信

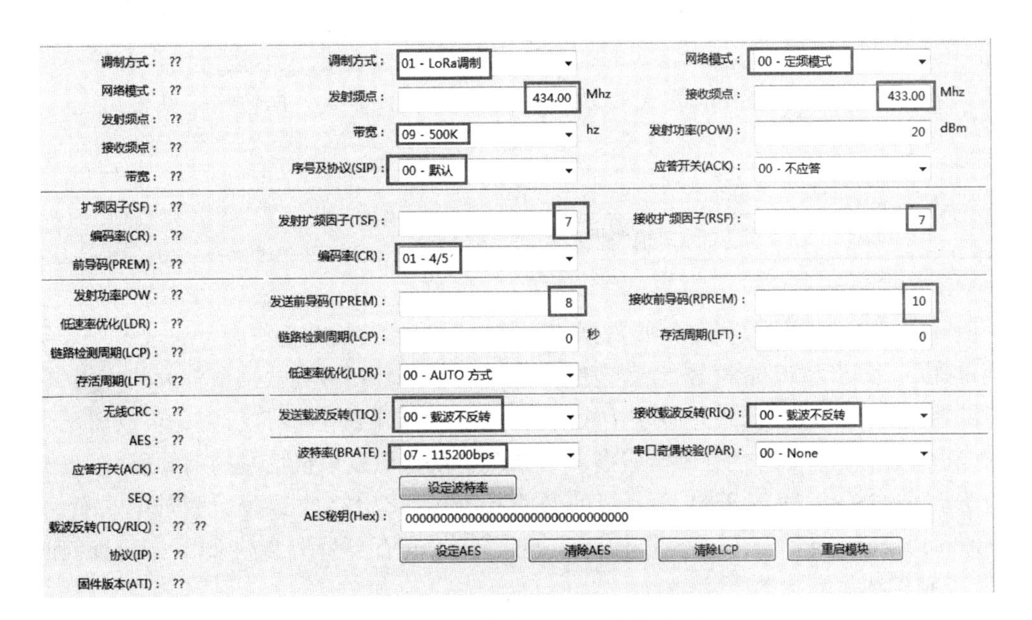

图 2.2　节点模块 A、B、C 参数配置

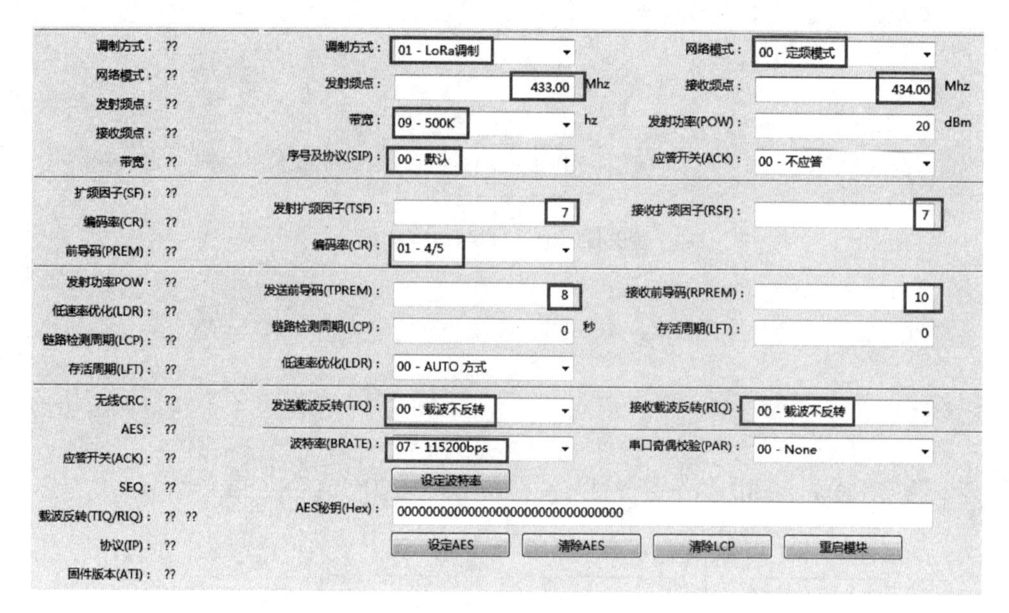

图 2.3 网关(中心节点)参数配置

2.1.3 LoRa 数据包结构

LoRa 调制解调器采用显式与隐式两种数据包结构，均由前导码、可选报头、有效负载三部分组成。显式格式与隐式格式的唯一区别在于，显式数据包的报头包含有效负载的循环冗余校验(Cyclic Redundancy Check，CRC)等信息，显式数据包结构见表 2.1。

表 2.1 显式数据包结构

<table>
<tr><td rowspan="2">前导码</td><td>报头</td><td>CRC</td><td rowspan="2">有效负载</td><td rowspan="2">负载 CRC</td></tr>
<tr><td colspan="2">(显式报头模式)</td></tr>
</table>

(1) 前导码。

前导码用于保持接收机与接收数据流之间的同步。其长度是一个可通过编程来设置的变量，默认长度为 12 个符号，设置范围为 6 ~ 65 536。在接收数据量较大的应用中，可通过缩短前导码的长度来缩短终端接收的占空比。前导码最小允许长度就可以满足通信需求，其可变长度主要应用在唤醒设备。终端会定期检测发射机信号的前导码，接收机只有检测到前导码长度等于自身设定的长度时才会开始接收数据，并向中央处理器(Central Processing Unit，CPU)发出中断或者将中断寄存器置 1，以供 CPU 定时查询该寄存器，否则保持休眠状态。

(2) 报头。

通过对寄存器的设定，可以选择两种不同的报头。显式报头是默认的操作模式，报头主要包含有效负载的相关信息，包括有效负载字节数、前向纠错码率和是否打开 16 位负载 CRC 校验。如果显式报头的相关信息在开发时已确定，则可以选择隐式报头来缩短发送时间，同时需要为接收机和发射机软件写入已知的有效负载长度、前向纠错码率和 CRC。

(3) 有效负载。

在实际传输中,指令不同,返回数据不同,所以数据包有效负载长度并不是固定的。在显式模式下,其长度在报头中指定,在隐式模式下长度可通过寄存器来决定。

前导码用于保证接收机同输入数据流间的同步,默认情况下前导码的长度为 12 个符号,也可通过编程来设置,因此其长度可扩展。报头的选用依据选择的模式,默认操作模式为显式报头模式。数据包有效负载的长度不固定,其实际长度与纠错编码率在显式模式下由报头决定,在隐式模式下通过寄存器的设置来指定。

1.唤醒方式

在星型的网络结构中,为延长电池寿命,终端节点通常需要唤醒来进行数据传输。唤醒方式不同,数据的传输方式也不同,可分为以下两种。

(1) 主动唤醒。终端利用微控制单元(Micro Control Unit,MCU) 内部定时器或者实时时钟(Real - Time Clock,RTC) 定时将设备唤醒,唤醒后终端主动将收集到的数据上传到服务器,随后再次进入休眠态。这种方式的唤醒适用于数据更新周期较长的设备,且不需要服务器突发访问该设备。

(2) 空中唤醒。这种方式适用于需要突发试访问的设备,终端设备和服务器并没有约定某个时刻彼此通信,服务器随时都可能读取终端中的数据。在 LoRa 通信中,空中唤醒过程如下:若终端休眠时间为 T,则意味着终端每 T(s) 主动唤醒一次,但是并不是为了主动上传数据,而是主动检测是否有设备发送前导码。当服务器需要和某个终端链接,会通过网关发送持续 T(s) 的前导码,以覆盖终端的休眠周期,确保终端主动唤醒后可以检测到前导码。若终端唤醒后检测到前导码,则进入正常状态,立即接收处理数据;若主动唤醒后没有检测到前导码,则立即进入休眠态,以节省电量。

2.空中传输时间的计算

在空中唤醒时,需要连续发送覆盖接收设备休眠周期的前导码,前导码传输时间的计算对准确唤醒设备至关重要,所以前导码的空中传输时间将在计算空中传输时间时单独介绍。在设备初始化时,用户可设置的关键参数包括信道带宽、扩频因子和编码率(CR),利用以下公式可以计算 LoRa 符号速率:

$$T_s = \frac{1}{R_s} \tag{2.1}$$

前导码的传输时间可通过以下公式来计算:

$$T_{\text{preamble}} = (n_{\text{preamble}} + 4.25)T_{\text{sym}} \tag{2.2}$$

式中,n_{preamble} 表示已设定的前导码长度,其值可通过编程来确定。

当已知休眠时间时,就可通过式(2.2) 来确定需要设定前导码的个数。

LoRa 数据包空中传输时间包括前导码传输时间和报头及有效负载传输时间,符号个数由以下公式计算:

$$\text{payloadsymnb} = 8 + \max\left(\text{ceil}\left(\frac{8\text{PL} - 4\text{SF} + 28 + 16 - 20H}{4(\text{SF} - 2\text{DE})}\right)(\text{CR} + 4), 0\right) \tag{2.3}$$

式中,PL 表示有效负载长度(取值为 1 ~ 255 B);SF 表示扩频因子(取值为 6 ~ 12);H 表示是否禁用报头(H = 0 表示使能,H = 1 表示禁用);DE 表示是否开启低数据速率优化

(DE = 1 开启,DE = 0 禁用);CR 表示编码率(取值为 1 ~ 4)。

有效负载时间等于符号周期乘以有效负载符号数,即

$$T_{payload} = payloadsymnb \times T_{sym} \tag{2.4}$$

则 LoRa 数据包空中传输时间由下式计算可得:

$$T_{packet} = T_{preamble} + payloadsymnb \times T_{sym} \tag{2.5}$$

LoRaWan 的网络架构图如图 2.4 所示。LoRaWan 网络架构中包括各种应用传感器,在本书中,就是测距传感器、盐度 pH 值传感器、风力传感器等。在 LoRaWan 网关转换协议中,把 LoRa 传感器的数据转换为 TCP/IP 的格式发送到互联网上。LoRa 网关用于远距离星型架构,采用多信道、多调制收发,可多信道同时解调。LoRa 具有同一信道上同时多信号解调的特点,网关使用不同于终端节点的 RF 器件,具有更高的容量,作为一个透明网桥在终端设备和中心网络服务器间中继消息。网关通过标准 IP 连接到网络服务器,终端设备使用单播的无线通信报文到一个或多个网关。

其实,LoRaWan 并不是一个完整的通信协议,因为它只定义了物理层和链路层,网络层和传输层没有定义,功能也并不完善,没有漫游,没有组网管理等通信协议的主要功能。

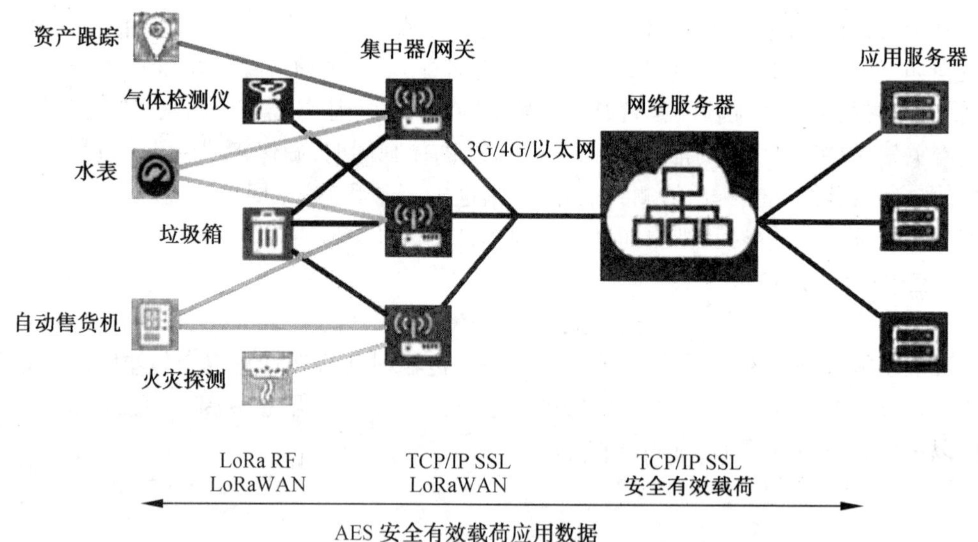

图 2.4 LoRaWan 的网络架构图

3.LoRa 物理帧结构

LoRa 的报文分为上行报文和下行报文。上行报文是从传感器到 LoRa 网关的(表 2.2),包括一个前导码、包头和包头的 CRC 值,后面是数据,最后是 CRC 校验;下行报文是从 LoRa 网关到传感器的(表 2.3),仅仅作为回复。

表 2.2 LoRa 上行报文

前导码	PHDR	PHDR_CRC	PHYPayload	CRC

表 2.3 LoRa 下行报文

前导码	PHDR	PHDR_CRC	PHYPayload

LoRa 模块是基于 Semtech 公司的 SX1278 芯片方案开发的,支持频率范围为 410 ~ 525 MHz。LoRa 模块的常用参数见表 2.4。

表 2.4 LoRa 模块的常用参数

调制方式	LoRa/FSK 可选,默认 LoRa 方式
带宽	250 kHz、500 kHz、125 kHz(默认) 可调
发射功率	5 ~ 20 dBm 可调
接收灵敏度	- 141 dBm,@ 270 MHz,125 kHz 带宽,SF = 12
通信距离	3 km,@ 空旷条件,125 kHz 带宽,SF = 12
硬件参数	
供电电压	1.8 ~ 3.7 V
发射电流	130 mA,@ 最大发射功率 20 dBm
接收电流	15 mA,@ 连续接收模式
侦听电流	12 mA,@ CAD 检测模式
休眠电流	2 μA,支持串口唤醒
开放接口	ADC/12C/UART/GPIO
产品尺寸	13 mm × 26 mm × 3 mm
封装形式	LCC 贴片封装
串口参数	
电平标准	3.3 V TTL
串口参数	波特率 1 200 ~ 115 200 bit/s,默认 9 600 bit/s 数据位 8 bit,停止位 1 位 校验位 None、Even、Odd,默认 None
数据缓冲	5 × 228 B,分包间隔 5 ms

2.2 其他无线网

2.2.1 ZigBee 模块组网

ZigBee 是一项新型的无线通信技术,适用于传输范围短、数据传输速率低的一系列电子元器件设备之间。ZigBee 无线通信技术可于数以千计的微小传感器相互间依托专门的无线电标准达成相互协调通信,因此该项技术常称为 HomeRFLite 无线技术、FireFly 无线技术。ZigBee 无线通信技术还可应用于小范围的基于无线通信的控制及自动化等领域,可省去计算机设备、一系列数字设备相互间的有线电缆,更能实现多种不同数字设备相互间的无线组网,使它们实现相互通信,或者接入互联网。

ZigBee 是基于 IEEE 802.15.4 标准的低功耗局域网协议。根据国际标准规定,ZigBee 技术是一种短距离、低功耗的无线通信技术。ZigBee 协议来源于蜜蜂的"8" 字舞,由于蜜蜂(Bee) 是靠飞翔和"嗡嗡"(Zig) 地抖动翅膀的"舞蹈" 来与同伴传递花粉所在方位信息的,因此蜜蜂依靠这样的方式构成了群体中的通信网络。ZigBee 的特点是近距离、低复杂度、自组织、低功耗、低数据速率,主要适用于自动控制和远程控制领域,可以嵌入各种设备。简而言之,ZigBee 就是一种便宜的、低功耗的近距离无线组网通信技术。ZigBee 协议从下到上分别为物理层(PHY)、媒体访问控制层(MAC)、传输层(TL)、网络层(NWK)、应用层(APL) 等。其中,物理层和媒体访问控制层遵循 IEEE 802.15.4 标准的规定。

基于 ZigBee 技术的传感器网络应用非常广泛。ZigBee 技术应用在数字家庭中,可使人们随时了解家里的电子设备状态,并可用于对家中病人的监控,观察病人状态是否正常,以便做出反应。ZigBee 传感器网络用于楼宇自动化,可降低运营成本。例如,酒店里遍布空调供暖(Heating,Ventilation and Air Conditioning,HVAC) 设备,如果在每台空调设备上都加上一个 ZigBee 节点,就能对这些空调系统进行实时控制,节约能源消耗。此外,通过在手机上集成 ZigBee 芯片,可将手机作为 ZigBee 传感器网络的网关,实现对智能家庭的自动化控制、进行移动商务(利用手机购物) 等诸多功能。据 Bob Heile 介绍,目前意大利 TIM 移动公司已经推出了基于 ZigBee 技术的 Z - sim 卡,用于移动电话与电视机顶盒、计算机、家用电器之间的通信及停车场收费等。

ZigBee 的优点如下。

(1) 低功耗。在低功耗待机状态下,两节五号干电池可使用 6 ~ 24 个月甚至更长,特别适用于无线传感器网络。相较而言,蓝牙能工作数周,Wi-Fi 仅可工作数小时。

(2) 低成本。ZigBee 免协议专利费。

(3) 数据传输速率低。ZigBee 工作在 20 ~ 250 kbit/s 的较低速率,它分别提供 250 kbit/s(2.4 GHz)、40 kbit/s(915 MHz) 和 20 kbit/s(868 MHz) 的原始数据吞吐率,满足低速率传输数据的应用需求。

(4) 短时延。ZigBee 的响应速度快,一般从休眠转入工作状态只需 15 ms,节点接入网络只需 30 ms,节点连接进入网络只需 30 ms,进一步节省了电能。相较而言,蓝牙需要 3 ~ 10 s、Wi-Fi 需要 3 s。

(5) 网络容量大。一个星型结构的 ZigBee 网络最多可以容纳 254 个从设备和一个主设备,一个区域内最多可以同时存在 100 个 ZigBee 网络,而且网络组成灵活。

(6) 有效范围小。有效覆盖范围在 10 ~ 75 m,在增加 RF 发射功率后,也可增加到 1 ~ 3 km。

(7) 可靠。采取了碰撞避免策略,避开了发送数据的竞争和冲突。MAC 层采用了完全确认的数据传输模式,每个发送的数据包都必须等待接收方的确认信息。如果传输过程中出现问题,则可以进行重发。

(8) 安全。采用 AES - 128 的加密算法。

2.2.2 蓝牙网

蓝牙是瑞典的爱立信公司开发的,后来蓝牙技术成为一种无线数据和语音通信开放的全球规范,它是基于低成本的近距离无线连接,为固定和移动设备建立通信环境的一种特殊的近距离无线技术连接。蓝牙是一种短距的无线通信技术,电子装置彼此之间可以通过蓝牙连接起来，省去了传统的电缆，透过芯片上的无线接收器，能在包括移动电话、个人数码助理(Personal Digltal Assistant,PDA)、无线耳机、笔记本电脑、相关外设等众多设备之间进行无线信息交换。蓝牙的标准是IEEE 802.15，工作在2.4 GHz频带，带宽为1 Mbit/s。

2.3　水下压力深度、温度测量实验

2.3.1　水温传感器原理

容器内的水位传感器将感受到的水位信号传送到控制器，控制器内的计算机将实测的水位信号与设定信号进行比较，得出偏差，然后根据偏差的性质，向给水电动阀发出“开”“关”的指令，保证容器达到设定水位。进水程序完成后，温控部分的计算机向供给热媒的电动阀发出“开”的指令，于是系统开始对容器内的水进行加热。到设定温度时，控制器才发出关阀的命令，切断热源，系统进入保温状态。在程序编制过程中，确保系统在没有达到安全水位的情况下，控制热源的电动调节阀不开阀，从而避免了热量的损失与事故的发生。

1.水温传感器结构

水温水位传感器由温控器部分与水位控制部分组成，与其配套的还有电动阀前的减压装置及用于加热的旋转式消声加热器。汽车水温传感器安装在发动机缸体或缸盖的水套上，与冷却液直接接触，用于测量发动机的冷却液温度。冷却液温度表使用的温度传感器是一个负温度系数(Negative Temperature Coefficient,NTC)热敏电阻，其阻值随温度升高而降低，有一根导线与电子控制单元(Electronic Control Unit,ECU)相连，另一根为搭铁线。

2.水温传感器工作原理

水温传感器由NTC热敏电阻构成，冷却液温度的变化引起电阻值的变化。冷却液与电阻值变化曲线如图2.5所示。水温越低，电阻值越大；水温越高，电阻值越小。系统根据接收到的电压值来计算当前的水温。

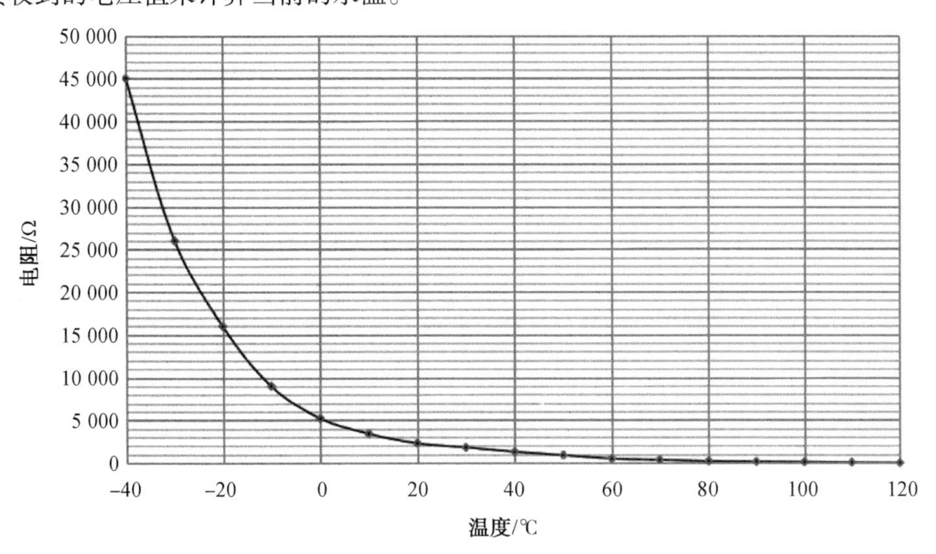

图2.5　冷却液与电阻值变化曲线

2.3.2 水压传感器

水压传感器是工业实践中较为常用的一种压力传感器,广泛应用于各种工业动化环境、水利水电工程、交通建筑设备、生产自控系统、航空航天技术、船舶技术、输送管道等领域。

水压传感器是一种检测装置,能感受到被测量的信息,并能将检测感受到的信息按一定规律变换成电信号或其他所需形式的信息输出,以满足信息的传输、处理、存储、显示、记录和控制等要求,是实现自动化检测和控制的首要环节。

1.水压传感器工作原理

传感器内部有硅单晶材料,硅单晶材料在受到外力作用产生极微小应变时,其内部原子结构的电子能级状态会发生变化,从而导致其电阻率剧烈变化,用此材料制成的电阻也就出现极大变化,这种物理效应称为压阻效应。当电子线路灵敏地察觉到这一变化后,就会输出一个相应压力的测量信号值,从而给操作人员提供相应的解决办法。

2.水压传感器作用和用途

目前来说,水压传感器的作用主要表现在以下几个方面。

(1) 对江、河、湖、海等户外领域的水压值的测定。

(2) 对汽车、某些高端摩托车的水箱压力值的测量。

(3) 在各种液位测定现场,可以充当液位计使用。

(4) 航空航天领域中航天器内的水压测量也应用了水压传感器。

(5) 对各类渔场的水压信息进行存储、显示,高端一点的水压传感器甚至能直接控制渔场的水压变化。

2.3.3 实验原理

1.内部整合电路总线概念及原理

内部整合电路(Inter - Integrated Circuit,I^2C) 总线是一种由飞利浦公司开发的两线式串行总线,用于连接微控制器及其外围设备。I^2C总线产生于20世纪80年代,最初为音频和视频设备开发,如今主要在服务器管理中使用,其中包括单个组件状态的通信。

I^2C 总线是由数据线(Serial Data,SDA) 和时钟线(Serial Clock Line,SCL) 构成的串行总线,可发送和接收数据,在 CPU 与集成电路(Integrated Circuit,IC) 之间、IC 与 IC 之间进行双向传送,最高传送速率为 100 kbit/s。各种被控制电路均并联在这条总线上,但就像电话机一样,只有拨通各自的号码才能工作,所以每个电路和模块都有唯一的地址。在信息的传输过程中,I^2C 总线上并接的每一模块电路既是主控器(或被控器),又是发送器(或接收器),这取决于它所要完成的功能。

MS5837 - 30BA 水深水压传感器采用 I^2C 通信,I^2C 通信时注意连接 10 kΩ 上拉电阻。模块电源和I^2C口通信电压推荐选择用3.3 V,连接时注意单片机输出电压,连接电源转换芯片避免损坏模块。I^2C 电路接线图如图 2.6 所示。

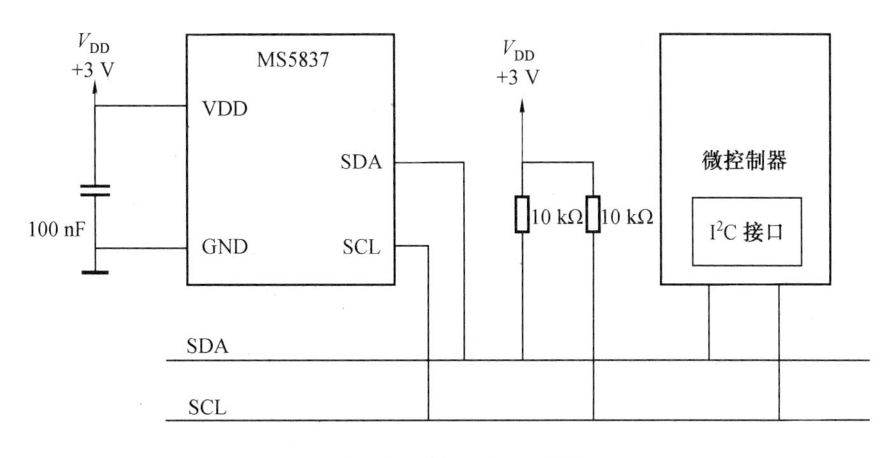

图 2.6　I^2C 电路接线图

2.数据有效性

SDA 线上的数据必须在时钟的高电平周期内保持稳定,数据线的高或低电平状态只有在 SCL 线的时钟信号是低电平时才能改变。

换言之,SCL 为高电平时表示有效数据,SDA 为高电平用“1”表示,低电平用“0”表示,SCL 为低电平时表示无效数据,此时 SDA 会进行电平切换,为下次数据表示做准备。图 2.7 所示为数据有效性时序图。

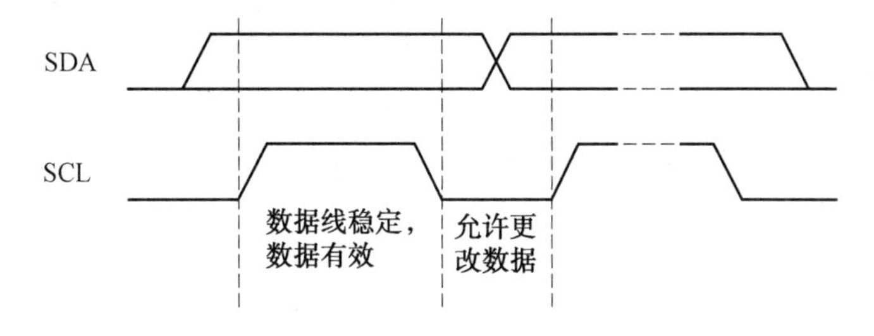

图 2.7　数据有效性时序图

3.起始条件 S 和停止条件 P

(1) 起始条件 S。当 SCL 高电平时,SDA 由高电平向低电平转换。

(2) 停止条件 P。当 SCL 高电平时,SDA 由低电平向高电平转换。

起始和停止条件一般由主机产生。总线在起始条件后处于繁忙的状态,在停止条件的某段时间后,总线才再次处于空闲状态。图 2.8 所示为起始和停止条件的信号产生时序图。

4.水深水压传感器

B30 水深水压传感器是一款以 TE 公司 MS5837 - 30BA 为核心芯片的高精度压力传感器,由 MS5837 - 30A、密封环、PCB 外围板、O 型圈、穿线螺栓等部分构成(图 2.9)。B30 标准量程为 300 m(破坏量程 500 m),精度为 50 cm。

传感器模块包含一个高线性压力传感器和一个带有内部工厂校准系数的超低功率 24 位 ΔΣADC,提供精确的 24 位数字压力和温度值及不同的操作模式,用户可根据需要配置转换速度和电流消耗。高分辨率温度输出无须使用额外的传感器即可实现深度测量系统和温度计的功能。

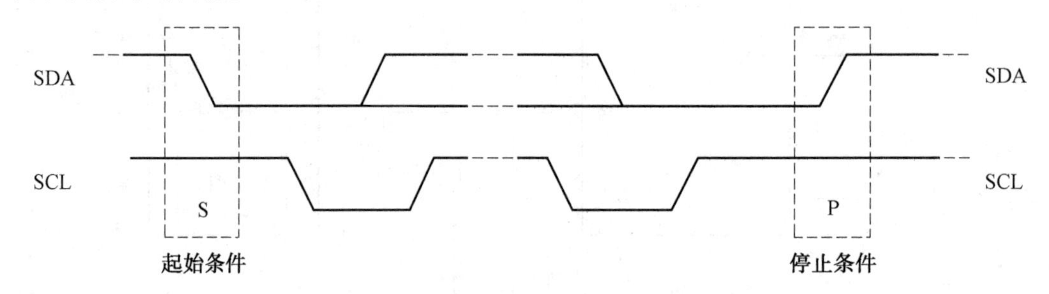

图 2.8 起始和停止条件的信号产生时序图

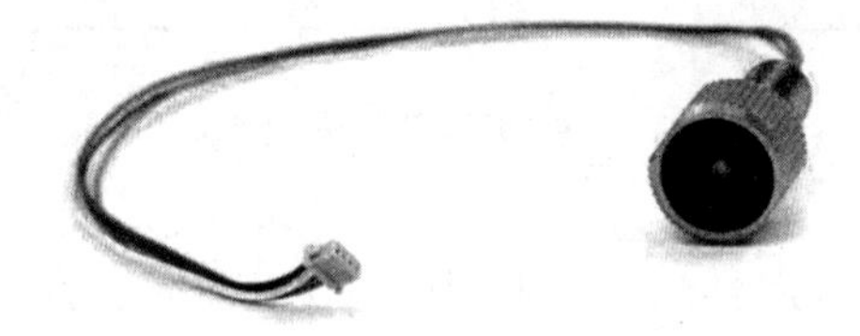

图 2.9 水深水压传感器

5.水深水压传感器的数据采集

(1)MS5837 - 30BA 水深水压传感器产品概述。

MS5837 是 TE 公司的 DP 系类水深传感器,它是新一代的高分辨率 I^2C 接口压力传感器。MS5837 水深水压传感器是高精度水深测量的理想选择,水深测量分辨率高达 2 mm。MS5837 - 30BA 压力传感器可以与所有形式的微控器配合,通信协议非常简单,无须修改内部寄存器。MS5837 - 30BA 水深水压传感器性能参数见表 2.5,引脚说明见表 2.6。

(2)MS5837 - 30BA 水深水压传感器工作原理。

MS5837 - 30BA 水深水压传感器模块是一种超小型的充胶压力传感器,是为高度计和气压计应用而优化的。基于 MEMS 的传感器水深测量分辨率高达 2 mm,海拔分辨率为 13 cm,出厂自带温度、压力标定和校准。

表 2.5 MS5837 - 30BA 水深水压传感器性能参数

指标	参数
电源电压	2.5 ~ 5.5 V
I^2C 逻辑电压(SDA 和 SCL)	2.5 ~ 3.6 V
峰值电流	1.25 mA
配合连接器	DF13
工作深度	300 m(DP - 30) 100 m(DP - 10)
相对精度(0 ~ 45 ℃)	+ / - 200 mbar (淡水中 2 mm)
解析度	0.2 mbar(淡水中 2 mm)
工作温度	- 20 ~ + 85 ℃

表 2.6 MS5837 - 30BA 水深水压传感器引脚说明

名称	功能
VCC - 红色	电源 2.5 ~ 5.5 V
SCL - 黑色	I^2C 时钟输入
SDA - 黄色	I^2C 数据输入/输出
GND - 绿色	电源负极

2.3.4 实验内容及步骤

1.实验准备

(1) 放置有关实验模块。

在关闭系统电源的情况下,按要求放置下列实验模块(已放置的可跳过该步骤):

① 水深水压模块;

②LoRa 模块。

更换模块需要专用工具,为便于管理,该步骤可由老师在课前完成。

(2) 加电。

打开系统电源开关,通过液晶显示和模块运行指示灯状态,观察实验箱加电是否正常。若加电状态不正常,请立即关闭电源,查找异常原因。

(3) 选择实验内容。

在液晶上根据功能菜单选择基础实验项目 → 水深水压,进入水深水压实验页面。

2.实验数据观测

在数据观测页面将会显示传感器返回的实时情况。移动传感器到水的不同深度,记录下对应的水深、水压和温度。尝试多记录几组数据,分析水深和压强之间的关系。操作过程如下。

模块操作过程,旋转松动水深压力传感器,直到传感器无碍上下移动;缓慢下放传感器,观察界面上水深、水压和温度的变化(有条件的可以使用尺子等器材测量测试得到的深度与实际得到的深度是否一致)。记录实验数据于表 2.7。

表 2.7 实验数据记录

实验序号	水深/m	温度/℃	压强/Pa

2.3.5 实验报告要求

(1) 简述 I^2C 的原理及作用。

(2) 完成实验中的测量并记录下不同深度的水压。

(3) 根据自己测量的数据推导出水深和水压的关系。

(4) 模仿例程实现通过模块采集水深、水压和温度。

2.4 基于电导电极的海水电导率、盐度测量实验

2.4.1 盐度传感器

1.什么是水质盐度?

盐度是指已适当溶解在水体内的盐量。水质盐度代表水中的电导率。电导率单位使用毫西门子每厘米 mS/cm 表示。盐度大小可通过电导率反映。

1 mS/cm = 1 000 μS/cm,进行此测量后,每千分之一微西门子等于 1 000 EC,即水的电导率。1 000 EC 的测量结果等于 640×10^{-6},这是用来确定游泳池水中盐分的单位。盐水池的盐度读数应为 $3\ 000 \times 10^{-6}$,这意味着每厘米的毫西门子读数应为 4.7 mS/cm。

离子选择性电极是一类利用膜电势测定溶液中离子的活度或浓度的电化学传感器,如图 2.10 所示。当它与含待测离子的溶液接触时,在它的敏感膜和溶液的相界面上产生与该离子活度直接有关的膜电势。离子选择性电极又称膜电极,这类电极有一层特殊的电极膜,电极膜对特定的离子具有选择性响应,电极膜的电位与待测离子含量之间的关系符合能斯特公式。这类电极具有选择性好、平衡时间短的特点,是电位分析法用得最多的指示电极。

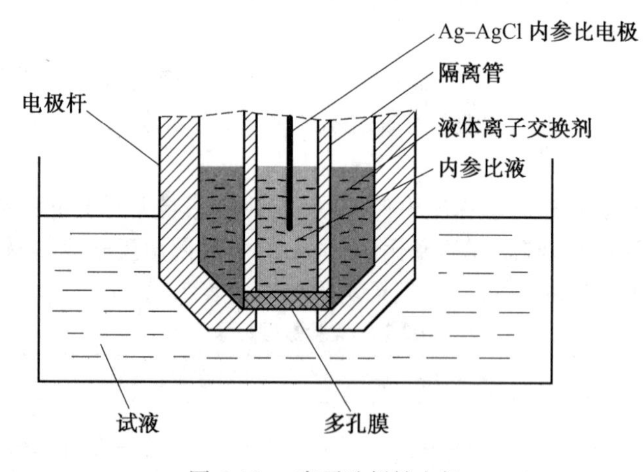

图 2.10 离子选择性电极

2.结构测量

离子选择性电极的敏感膜固定在电极管的顶端,离子选择性电极内装有内充溶液,其中插入内参比电极(通常为 Ag - AgCl 电极),内充溶液的作用在于保持膜内表面和内参比电极电势的稳定。

离子选择性电极是一个半电池(气敏电极除外),它的电势不能单独测量,而必须与适时的外参比电极组成完整的电化学电池,然后测量电池的电动势:

$$E = E_m + E_n + E_1 - E_w$$

式中,E_m 为离子选择性电极的电势;E_n 为内参比电极的电势;E_w 与 E_1 为外参电极的电势及其液接部分的液接电势。

在一般测量中,上述三项都要求保持不变,因此电动势 E 与 E_m 之间只差一个常数项,它的变化完全能反映 E_m 的变化。

2.4.2 电导法测盐度

在测量盐度前,因为无法直接测量盐度,而要通过电导率的转化来得到结果,所以首先要了解电导率。

电导率是用数字表示的溶液传导电流的能力,其物理意义是表示物质导电的性能。电导率越大,则导电性能越强;反之,则越弱。电导率单位用西门子每米(S/m) 表示。

电导率的影响因素如下。

(1) 温度。电导率与温度有很大的相关性。在一段温度值域内,电导率可以被近似为与温度成正比。为比较物质在不同温度状况的电导率,必须设定一个共同的参考温度。

(2) 掺杂程度。增加掺杂程度会造成高电导率。水溶液电导率的高低受其内含溶质盐的浓度或其他会分解为电解质的化学杂质影响。水样本的电导率是测量水的含盐成分、含离子成分、含杂质成分等的重要指标。水越纯净,电导率越低(电阻率越高)。水的电导率时常用电导系数来记录,电导系数是水在 25 ℃ 时的电导率。

(3) 各向异性。有些物质会有异向性(Anisotropic) 的电导率,必须用 3×3 矩阵来表达。

盐度公式如下:

$$S = \sum_{i=0}^{5} a_i K_{15}^{i/2} \tag{2.6}$$

式中,有

$$a_0 = 0.008\,0, a_1 = -0.169\,2$$
$$a_2 = 25.385\,1, a_3 = 14.094\,1$$
$$a_4 = -7.026\,1, a_5 = 2.708\,1$$
$$\sum a_i = 35.000\,02 \leqslant S \leqslant 42$$

式中,K_{15} 是在 15 ℃ 和一个标准大气压的条件下,海水样品电导率和质量比为 $32.435\,6 \times 10^{-3}$ 的氯化钾溶液电导率的比值。当 K_{15} 准确为 1 时,S 恰好等于 35。

测量水样品与标准海水在 101 325 Pa 下的电导率,计算电导率比 R_0,再查国际海洋常用表,得出水样品的实用盐度,或由公式计算:

$$S = a_0 + a_1 R_\theta^{\frac{1}{2}} + a_2 R_\theta + a_3 R_\theta^{\frac{3}{2}} + a_4 R_\theta^2 + a_5 R_\theta^{\frac{5}{2}} + \frac{\theta - 15}{1 + K(\theta - 15)}\left(b_0 + b_1 R_\theta^{\frac{1}{2}} + b_2 R_\theta + b_3 R_\theta^{\frac{3}{2}} + b_4 R_\theta^2 + b_5 R_\theta^{\frac{5}{2}}\right) \tag{2.7}$$

式中

$$a_0 = 0.008\,0, a_1 = -0.169\,2, a_2 = 25.385$$
$$a_3 = 14.094\,1, a_4 = 7.026\,1, a_5 = 2.708\,1$$
$$b_0 = 0.000\,5, b_1 = -0.005\,6, b_2 = -0.006\,6$$
$$b_3 = -0.037\,5, b_4 = 0.063\,6, b_5 = -0.014\,4$$
$$K = 0.016\,2$$

R_θ 为被测海水鱼实用盐度为 35 的标准海水在温度为 θ 时的电导率的比值(均在 101 325 Pa 下),适用于在陆地或船上实验室中,用来测量海水样品的盐度。典型的仪器应用范围为 $2 \leqslant S \leqslant 42$, $-2\ ℃ \leqslant \theta \leqslant 35\ ℃$。

2.4.3 实验目的

(1) 掌握使用电导率测量盐度的方法。
(2) 掌握电导率、电极常数和电导之间的关系。
(3) 掌握电导电极的使用方法和注意事项。
(4) 掌握电导电极测量电导率的分压式电路设计。
(5) 了解不同水质下的电导率和盐度大小。
(6) 掌握电导率温度补偿的方法。

2.4.4 实验原理

电导率(Conductivity)是用来描述物质中电荷流动难易程度的参数,水的导电性即水的电阻的倒数,通常用它来表示水的纯净度。电导率是物体传导电流的能力。电导的基本单位是西门子(S),原来称为姆欧,取电阻单位欧姆倒数之意。因为电导池的几何形状影响电导率值,所以标准的测量中用单位 S/cm 来表示电导率,以补偿各种电极尺寸造成的差别。

1.电导率测量原理

把两块平行的极板放到被测溶液中,在极板的两端加上一定的电势(通常为正弦波电压),然后测量极板间流过的电流。根据欧姆定律,电导率(G)即电阻(R)的倒数,是由电压和电流决定的。电导率测试原理图如图 2.11 所示。

引起离子在被测溶液中运动的电场是由与溶液直接接触的两个电极产生的,这对测量电极必须由抗化学腐蚀的材料制成。实际中经常用到的材料有钛等。由两个电极组成的测量电极称为科尔劳施(Kohlrausch)电极。

电导率的测量需两个参数:一个是溶液的电导;另一个是溶液中 L/A 的几何关系。电导可以通过电流、电压的测量得到。电导率常数为

$$K = L/A$$

式中,A 为测量电极的有效极板;L 为两极板的距离;K 为电极常数。

在电极间存在均匀电场的情况下,电极常数可以通过几何尺寸算出。当两个面积为 1 cm^2 的方形极板之间相隔 1 cm 组成电极时,此电极的常数 $K = 1\ cm^{-1}$。如果用此对电极测得电导值 $G = 1\,000\ \mu S$,则被测溶液的电导率 $K = 1\,000\ \mu S/cm$。

一般情况下,电极常形成部分非均匀电场。此时,电极常数必须用标准溶液进行确定。标准溶液一般都使用 KCl(氯化钾)溶液,这是因为 KCl 的电导率在不同的温度和浓度情况下非常稳定、准确。0.1 mol/L 的 KCl 溶液在 25 ℃ 时电导率为 12.88 mS/cm。

不均匀电场(又称杂散场、漏泄场)没有常数,而与离子的种类和浓度有关。因此,一个纯杂散场电极是最复杂的电极,它通过一次校准,不能满足宽的测量范围的需要。不均匀电场是电场区域内电场强度的大小和方向随空间坐标而变的电场;反之,电场强度的大小和方向与坐标无关的电场称为均匀电场。

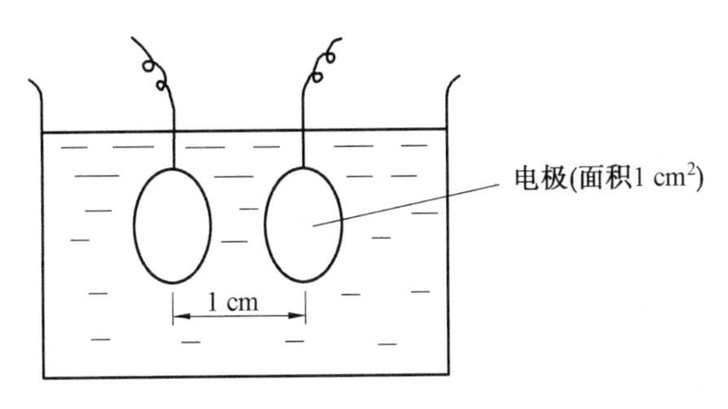

图 2.11 电导率测试原理图

2.电导电极概念

DJS－10CF 电导电极如图 2.12 所示,二极片式电导电极是目前国内使用最多的电导电极类型,实验室二极片式电导电极的结构是将铂片烧结在平行玻璃片上或圆形玻璃管的内壁上,调节铂片的面积和距离,就可以制成不同常数值的电导电极,通常有 $K=1$、$K=5$、$K=10$ 等类型。而在线电导率仪上使用的二极式电导电极常制成圆柱形对称的电极。当 $K=1$ 时,常采用石墨;当 $K=0.1$、0.01 时,材料可以是不锈钢或钛合金。多电极式电导电极一般在支持体上有几个环状的电极,通过环状电极串联和并联的不同组合,可以制成不同常数的电导电极。环状电极的材料可以是石墨、不锈钢、钛合金和铂金。铂黑电导电极可有效防止在测定较高电导率溶液时出现极化现象,其注意事项如下。

图 2.12 DJS－10CF 电导电极

(1) 铂黑系列电导电极的铂金片表面附着有疏松的铂黑层,应避免任何物体与其碰触,只能用去离子水进行冲洗,否则会损伤铂黑层,导致电极测量不准确。

(2) 如果发觉铂黑系列电导电极使用性能下降,可将铂金片浸于无水乙醇中 1 min,取出后用去离子水冲洗,特别是用户对测量精度要求较高时尤为重要。

(3) 铂黑系列电导电极的铂金片表面附着有疏松的铂黑层,在测量样品时有可能会吸附样品成分,在使用电极测量完毕后一定要及时冲洗电极。

(4) 光亮系列电导电极的铂金片表面允许用户用细砂皮(表面无肉眼可见的沙粒)

进行抛光清洁。

（5）电导电极在放置一段时间或使用一段时间后，其电极常数有可能发生变化，建议按照仪器说明书定期校正电极常数。

3.电极电导的数据采集

（1）采集原理。

电极电导将接收到的数据以模拟量的形式发送给单片机，所以单片机需要使能A/D转换功能，用来转化并接收数据。为保证准确，需要多次测量然后取平均值。温度是通过温度传感器得到的。

（2）采集参考代码。

```
//通过温度传感器获取数据的过程，存储的温度是16位的带符号扩展的二进制补码形式
当工作在12位分辨率时，补充4位符号位，变成16个数据位，其中有5个符号位，7个整数位，4个小数位
|-------整数-------|-----小数分辨率1/(2^4) = 0.0625----|
低字节|2^3|2^2|2^1|2^0|2^(-1)|2^(-2)|2^(-3)|2^(-4)|

|----符号位:0->正1->负------|-------整数--------|
高字节|s|s|s|s|s|2^6|2^5|2^4|
温度 = 符号位 + 整数 + 小数 *0.0625

floatDS18B20_Get_Temp(void)
{
uint8_ttpmsb,tplsb;
shorts_tem;
floatf_tem;
DS18B20_Rst();
DS18B20_Presence();
DS18B20_Write_Byte(0XCC);/* 跳过ROM */
DS18B20_Write_Byte(0X44);/* 开始转换 */

DS18B20_Rst();
DS18B20_Presence();
DS18B20_Write_Byte(0XCC);/* 跳过ROM */
DS18B20_Write_Byte(0XBE);/* 读温度值 */

tplsb = DS18B20_Read_Byte();
tpmsb = DS18B20_Read_Byte();
s_tem = tpmsb << 8;
s_tem = s_tem | tplsb;
f_tem = s_tem * 0.0625;
returnf_tem;
}
```

2.4.5 实验内容及步骤

(1) 放置有关实验模块。

在关闭系统电源的情况下,按要求放置下列实验模块(已放置的可跳过该步骤):

① 盐度模块;

② 电导电极;

③LoRa 模块。

更换模块需要专用工具,为便于管理,该步骤可由老师在课前完成。

(2) 加电。

打开系统电源开关,通过液晶显示和模块运行指示灯状态,观察实验箱加电是否正常。若加电状态不正常,请立即关闭电源,查找异常原因。

(3) 选择实验内容。

在液晶上根据功能菜单选择基础实验项目 → 电导率,进入电导率和盐度实验页面。

2.4.6 实验数据观测

在数据观测页面将会显示传感器返回的实时情况。放入不同水质中,记录下对应的电导率、盐度和温度。尝试多记录几组数据,分析并推导出电导率和盐度之间的关系。操作步骤如下。

(1) 模块操作过程。

将电极保护瓶从瓶盖上拧开取下,然后取下瓶盖。将电极与模块连接。将电极放入需要测量的液体当中,等到数值稳定后,记录下对应的数据。

(2) 记录实验数据于表 2.8。

表 2.8 实验数据记录

实验序号	电导率 /($S \cdot cm^{-1}$)	电导系数 K	盐度 /($mS \cdot cm^{-1}$)	温度 /℃

2.4.7 实验报告要求

(1) 简述电导率的探测原理,并写出电导率、电极常数和电导之间的关系。

(2) 利用电导电极完成实验中的测量并记录下不同水质电导率和盐度。

(3) 写出电导率温度补偿的方法。

(4) 模仿例程实现通过模块采集电导率、温度并计算出盐度。

2.5 基于 pH 复合电极的酸碱度测量实验

2.5.1 酸碱度概念

pH 值又称氢离子浓度指数、酸碱值,是溶液中氢离子活度的一种标度,也就是通常意义上溶液酸碱程度的衡量标准。p 代表德语 Potenz,意为力量或浓度;H 代表氢离子(H)。

pH 值的定义式为 $pH = -\lg[H^+]$。其中,$[H^+]$(此为简写,实际上应是$[H_3O^+]$,水合氢离子活度)是指溶液中氢离子的活度(稀溶液下可近似按浓度处理),单位为 $mol \cdot L^{-1}$。在温度为 298 K 情况下,当 $pH < 7$ 时,溶液呈酸性;当 $pH > 7$ 时,溶液呈碱性;当 $pH = 7$ 时,溶液为中性。水溶液的酸碱性也可以用 pOH 衡量,即氢氧根离子的负对数。由于水中存在自偶电离平衡,因此在温度为 298 K 时,$pH + pOH = 14$。

$pH < 7$ 说明 H^+ 的浓度大于 OH^- 的浓度,故溶液酸性强;而 $pH > 7$ 则说明 H^+ 的浓度小于 OH^- 的浓度,故溶液碱性强。因此,pH 越小,溶液的酸性越强;pH 越大,溶液的碱性也就越强。在非水溶液或非标准温度和压力的条件下,$pH = 7$ 可能并不代表溶液呈中性,这需要通过计算该溶剂在这种条件下的电离常数来决定 pH 为中性的值。例如,373 K(100 ℃)的温度下,中性溶液的 $pH \approx 6$。

2.5.2 pH 值的测量方法

1.玻璃电极法

pH 值为水中氢离子活度的负对数,即

$$pH = -\lg[H^+] \tag{2.8}$$

pH 值可间接的表示水的酸碱强度,是水化学中常用和最重要的检验项目之一。

仪器:酸度计(带复合电极)、250 mL 塑料烧杯。

试剂:pH 成套袋装缓冲剂(邻苯二甲酸氢钾、混合磷酸盐、硼砂)。

温度与 pH 值之间的关系见表 2.9。

表 2.9 温度与 pH 值之间的关系

温度/℃	pH 值		
	0.0 5 mol/L 邻苯二甲酸氢钾	0.025 mol/L 混合磷酸盐	0.01 mol/L 硼砂
0	4.01	6.98	9.46
5	1.00	6.95	9.39
10	4.00	6.92	9.28
15	4.00	6.90	9.23
20	4.00	6.88	9.18
25	4.00	6.86	9.14

续表2.9

温度 /℃	pH 值		
	0.0 5 mol/L 邻苯二甲酸氢钾	0.025 mol/L 混合磷酸盐	0.01 mol/L 硼砂
30	4.01	6.85	9.10
35	4.02	6.84	9.07
40	4.03	6.83	9.04
45	4.04	6.83	9.02

2.实验步骤

(1) 缓冲溶液的配制。

剪开塑料袋,将粉末倒入 250 mL 容量瓶中,以少量无二氧化碳水冲洗塑料袋内壁,稀释到刻度后摇匀备用。

(2) 仪器(PHS - 2C 酸度计) 的校准。

① 仪器插上电极,将选择开关置于 pH 挡,斜率调节在 100% 处。

② 选择两种缓冲溶液(被测溶液 pH 值在二者之间)。

③ 把电极放入第一种缓冲液中,调节温度调节器,使所指示的温度与溶液温度相一致。

④ 待读数稳定后,调节定位调节器至表 2.9 所示该温度下的 pH 值。

⑤ 放入第二种缓冲液中,混匀,调节斜率调节器至表 2.9 所示该温度下的 pH 值。

(3) 样品测定。

如果样品温度与校准的温度相同,则直接将校准后的电极放入样品中,摇匀,待读数稳定,即为样品的 pH 值;如果温度不同,则用温度计量出样品温度,调节温度调节器,指示该温度,“定位” 保持不变,将电极插入,摇匀,稳定后读数。

3.注意事项

(1) 电极短时间不用时,浸泡在蒸馏水中;长时间不用时,则在电极帽内加少许电极液,盖上电极帽。

(2) 及时补充电极液,复合电极的外参比补充液为 3 mol/L 氯化钾溶液。

(3) 电极的玻璃球泡不与硬物接触,以免损坏。

(4) 每次测完水样,都要用蒸馏水冲洗电极头部,并用滤纸吸干。

2.5.3 pH 电极概念

pH 值传感器是用来检测被测物中氢离子浓度并转换成相应的可用输出信号的传感器,通常由化学部分和信号传输部分构成。pH 值传感器常用来进行对溶液、水等物质的工业测量。

pH 值传感器可以对大型反应槽或制程管路中的 pH 值进行测定,也可以在耐高温杀菌、CIP 清洗时测量 pH 值。其电极长度有 120 mm、150 mm、220 mm、250 mm、450 mm 等多种选择,用于多种场合的 pH 值测量,如废水污水场合 pH 值测量、电镀废水场合 pH 值测量、高温场合 pH 值测量、发酵场合 pH 值测量、高压场合 pH 值测量等。

pH 值测量属于原电池系统，它的作用是使化学能转换成电能。此电池的端电压称为电极电位。此电位由两个半电池构成，其中一个称为测量电极，另一个称为参比电极。此电位遵循能斯特方程。

对于氧化还原体系：

$$\mathrm{Ox} + ne^- \Leftrightarrow \mathrm{Red} \tag{2.9}$$

$$E = E_{\theta,\mathrm{Ox/Red}} + \frac{RT}{nF}\ln\frac{\alpha_{\mathrm{Ox}}}{\alpha_{\mathrm{Red}}} \tag{2.10}$$

对于金属电极，还原态是纯金属，其活度是常数，定为 1，则式(2.10) 可写为

$$E = E_{\theta,\mathrm{M}^{n+}/\mathrm{M}} + \frac{RT}{nF}\ln \alpha_{\mathrm{M}^{n+}} \tag{2.11}$$

式中，E 为电极电位；E_0 为电极的标准电压；R 为气体常数(8.314 39 J/(mol · K))；T 为开氏绝对温度(如 20 ℃ = 273 + 293 K)；F 为法拉第常数(96 493 C/mol)；n 为被测离子的化合价(银 = 1，氢 = 1)；αMe 为离子的活度。

pH 电极是一支端部吹成泡状的对 pH 值敏感的玻璃管，管内充填有含饱和 AgCl 的 3 mol/L 的 KCL 缓冲溶液，pH 值为 7。存在于玻璃膜两面的反映 pH 值的电位差用 Ag/AgCl 传导系统(如第二电极) 导出。pH 复合电极示意图如图 2.13 所示。

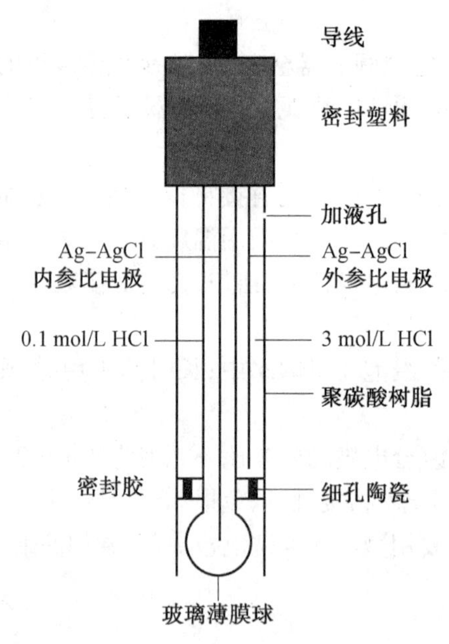

图 2.13　pH 复合电极示意图

此电位差遵循能斯特公式：

$$\begin{aligned} E &= E_0 + RT\ln \alpha_{\mathrm{H_3O^+}} nF \\ E &= 59.16\ \mathrm{mV} \cdot (25\ ℃)^{-1} \cdot \mathrm{pH}^{-1} \end{aligned} \tag{2.12}$$

式中，R 和 F 为常数；n 为化合价，每种离子都有其固定的值，对于氢离子来说，$n = 1$；T 作为变量，在能斯特公式中起很大作用，随着温度 T 的上升，电位值将随之增大。对于每

1 ℃ 的温度变大,将引起电位0.2 mV/pH变化。用pH值来表示,则每1 ℃ 的pH值由1变为0.003 3。也就是说,对于20 ~ 30 ℃ 和pH = 7左右的测量来讲,不需要对温度变化进行补偿;而对于温度大于30 ℃ 或小于20 ℃ 和pH > 8或pH < 6的应用场合,则必须对温度变化进行补偿。

内参比电极的电位是恒定不变的,它与待测试液中H^+的活度(pH)无关。pH玻璃电极之所以能作为H^+的指示电极,其主要作用体现在玻璃膜上。当玻璃电极浸入被测溶液时,玻璃膜处于内部溶液($\alpha_{H^+,内}$)和待测溶液($\alpha_{H^+,试}$)之间,这时跨越玻璃膜产生一电位差ΔE_M,它与氢离子活度之间的关系符合能斯特公式:

$$\Delta E_M = \frac{2.303RT}{F}\lg\frac{\alpha_{H^+,试}}{\alpha_{H^+,内}}$$

$$\Delta E_M = K + \frac{2.303RT}{F}\lg \alpha_{H^+} = K - \frac{2.303\ RT}{F}pH_{试} \tag{2.13}$$

当$\alpha_{H^+,内} = \alpha_{H^+,试}$时,$\Delta E_M = 0$。但实际上,$\Delta E_x \neq 0$,跨越玻璃膜仍有一定的电位差,这种电位差称为不对称电位(ΔE不对称),它是由玻璃膜内外表面情况不完全相同而产生的。式(2.13)表明玻璃电极ΔE_M与pH值成正比,因此可作为测量pH的指示电极。

2.5.4 能斯特方程

能斯特方程是指用定量描述某种离子在A、B两体系间形成的扩散电位的方程表达式。在电化学中,能斯特方程用来计算电极上相对于标准电势而言的指定氧化还原对的平衡电压。能斯特方程只有在氧化还原对中两种物质同时存在时才有意义。这一方程把化学能和原电池电极电位联系起来,在电化学方面有重大贡献,故以其发现者——德国化学家能斯特命名,能斯特曾因此而获1920年诺贝尔化学奖。

通过热力学理论的推导,可以找到实验结果所呈现出的离子浓度比与电极电势的定量关系。对下列氧化还原反应:

$$E = E_{Stand} - \frac{RT}{nF}\ln\frac{c[Zn^{2+}]}{c[Cu^{2+}]} \tag{2.14}$$

对于任一电池反应,有

$$aA + bB = cC + dD$$

$$E = E_{Stand} - \frac{RT}{nF}\ln\frac{c[C]c \cdot c[D]d}{c[A]a \cdot c[B]b} \tag{2.15}$$

上述方程称为能斯特方程,它指出了电池的电动势与电池本性(E)和电解质浓度之间的定量关系。

当温度为298 K时,能斯特方程为

$$E = E_{Stand} - \frac{0.025\ 7}{n}\lg\frac{c[C]c \cdot c[D]d}{c[A]a \cdot c[B]b} \tag{2.16}$$

当温度为298 K时,Cu - Zn原电池反应的能斯特方程为

$$E = E_{Stand} - \frac{0.059\ 2}{n}\lg\frac{c[Zn^{2+}]}{c[Cu^{2+}]} \tag{2.17}$$

该方程的图形应为一直线,其截距为$E=1.10$ V,斜率为$-0.059\,2/2\approx-0.03$,与前述实验结果一致。将式(2.17) 展开,可以求到某电极的能斯特方程:

$$E=\varphi_{+}-\varphi_{-}=[\varphi_{\text{Stand},+}-\varphi_{\text{Stand},-}]-\frac{0.059\,2}{2}\lg\frac{c[Zn^{2+}]}{c[Cu^{2+}]}$$

$$=\{\varphi_{\text{Stand},+}+\frac{0.059\,2}{2}\lg c[Cu^{2+}]\}-\{\varphi_{\text{Stand},-}+\frac{0.059\,2}{2}\lg c[Zn^{2+}]\} \tag{2.18}$$

于是,有

$$\varphi_{+}=\varphi_{\text{Stand},+}+\frac{0.059\,2}{2}\lg c[Cu^{2+}] \tag{2.19}$$

$$\varphi_{-}=\varphi_{\text{Stand},-}+\frac{0.059\,2}{2}\lg c[Zn^{2+}] \tag{2.20}$$

归纳成一般的通式:

$$\varphi=\varphi_{\text{Stand}}+\frac{0.059\,2}{n}\lg\frac{c[\text{氧化型}]}{c[\text{还原型}]} \tag{2.21}$$

式中,n为电极反应中电子转移数;$\frac{c[\text{氧化型}]}{c[\text{还原型}]}$表示参与电极反应所有物质浓度的乘积与反应产物浓度乘积之比,而且浓度的指数应等于它们在电极反应中的系数。

纯固体、纯液体的浓度为常数,做1处理。离子浓度单位为mol/L(严格来说应该用活度表示)。气体用分压表示。pH值与离子浓度之间的关系见表2.10。

表2.10 pH值与离子浓度之间的关系

pH	0	1	2	3	4	5	6	7	8	9	10	11	12	13	14
氧化还原电位/mV	414	355	295	236.6	177.5	118	59.16	0	-59.16	-118	-177.5	-236	-295	-354	-414

2.5.5 pH电导的数据采集

1.采集原理

pH电导将接收到的数据以模拟量的形式发送给单片机,所以单片机需要使能A/D转换功能,用来转化并接收数据。为保证准确,需要多次测量然后去平均值。温度则是通过温度传感器得到的。

2.采集参考代码

```
floattest;
floatPH,k_ll/* 理论斜率 */;
```

```
voidvddl_get_PH(floatV0)
{
test = V0;
k_ll = - 0.0001984250996144478 * (273.15 + DS18B20_DATA.T.Temperature);
PH = V0/1000.0/k_ll * (1.0) + 7.0;
if(pH < = 0)pH = 0;
}
```

2.5.6　实验目的

(1) 了解使用 pH 复合电极测量 pH 值的理论方法(能斯特方程),掌握 pH 电极斜率与温度的理论关系式。

(2) 掌握 pH 复合电极的使用方法和注意事项。

(3) 掌握 pH 复合电极的调理电路设计。

(4) 了解不同水质下的 pH 值大小(注意待测溶液是否适合 pH 复合电极测量)。

2.5.7　实验数据观测

在数据观测页面将会显示传感器返回的实时情况。放入不同水质中,记录下对应的酸碱度和温度。尝试多记录几组数据,分析 pH 斜率与温度之间的关系。操作步骤如下。

(1) 模块操作过程。

将电极保护瓶从瓶盖上拧开取下,然后取下瓶盖。将电极与模块连接。将电极放入需要测量的液体中,等到数值稳定后,记录下对应的数据。

(2) 记录实验数据于表 2.11。

表 2.11　实验数据记录

实验序号	pH 值	温度/℃

2.5.8　实验报告要求

(1) 简述酸碱度的探测原理,写出 pH 电极斜率与温度的理论方程式。

(2) 写出 pH 电极使用方法和注意事项。

(3) 利用 pH 电极完成实验中的测量并记录下不同水质酸碱度。

(4) 模仿例程实现通过模块采集酸碱度、温度,并与例程对比,看是否一致。

2.6 海洋风力测量实验

2.6.1 风力传感器

1.系统组成

风速传感器是用来测量风速的设备,其外形小巧轻便,便于携带和组装。按照工作原理,可分为机械式风速传感器和超声波式风速传感器。风速传感器能有效获得风速信息,壳体采用优质铝合金型材或聚碳酸酯复合材料,防雨水,耐腐蚀,抗老化,是一种使用方便、安全可靠的智能仪器仪表。其主要用在气象、农业、船舶等领域,可长期在室外使用。

2.工作原理

(1) 机械式风速传感器。空气流动产生的风力推动传感器旋转,中轴带动内部感应元件产生脉冲信号,在风速测量范围内,风速与脉冲频率成一定的线性关系,可据此推算风速。

(2) 超声波式风速传感器。空气流动通过传感器探头测量区域,区域处设有两对超声波探头(一般成"十"字交叉排列),通过计算超声波在两点之间的传输时间差,就可以计算出风的速度,这种方式可以避免温度对声速带来的影响。

下面简单介绍超声波风速风向传感器 YQ5501 的工作原理。

该仪器是利用超声波时差法来实现风速的测量。声音在空气中的传播速度会与风向上的气流速度叠加。若超声波的传播方向与风向相同,则它的速度会加快;反之,若超声波的传播方向若与风向相反,则它的速度会变慢。因此,在固定的检测条件下,超声波在空气中传播的速度可以与风速函数对应,通过计算即可得到精确的风速和风向。由于声波在空气中传播时,它的速度受温度的影响很大,该风速仪检测两个通道上的两个相反方向,因此温度对声波速度产生的影响可以忽略不计。

该风速仪具有质量轻、没有任何移动部件、坚固耐用的特点,而且不需要维护和现场校准,能同时输出风速和风向。客户可根据需要选择风速单位、输出频率及输出格式,也可根据需要选择加热装置(在冰冷环境下推荐使用)或模拟输出,可以与电脑、数据采集器或其他具有 RS485 或模拟输出相符合的采集设备连用。如果需要,也可以多台组成一个网络进行使用。

超声波风速风向传感器是一种较为先进的测量风速风向的仪器。由于它很好地克服了机械式风速风向传感器固有的缺陷,因此能全天候地、长久地正常工作,越来越广泛地得到使用。它将是机械式风速传感器的强有力替代品。

3.常用类型及其信号转换方式

(1) 模拟量型风速传感器。以传统模拟量信号(4 ~ 20 mA、0 ~ 10 V、0 ~ 5 V) 进行数据输出。

(2) 电压型输出信号转换计算。量程0 ~ 30 m/s,以0 ~ 10 V输出为例,当输出信号为5 V 时,计算当前风速。风速量程的跨度为 30 m/s,用 10 V 电压信号来表达,$30\ (\mathrm{m \cdot s^{-1}})/10\ \mathrm{V} = 3\ (\mathrm{m \cdot s^{-1}})/\mathrm{V}$,即电压每变化1 V对应风速变化3 m/s。测量值5 V -

0 V = 5 V。5 V × 3(m · s^{-1})/V = 15 m/s,则当前风速为 15 m/s。

(3)脉冲输出型计算。变送器转1圈,输出20个脉冲。例如,当风速变送器1 s转1圈时,此变送器 1 s 输出 20 个脉冲,代表风速为 1.75 m/s。

常用的接近风速测量开关从输出类型上可以分为 PNP 型和 NPN 型(图 2.14 和图 2.15)。

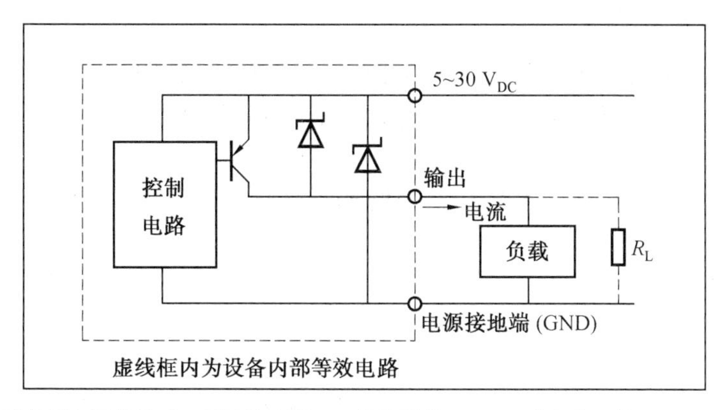

当使用电压信号时,需连接电阻R_L,推荐阻值5.1 kΩ,功率大于等于0.25 W

图 2.14 PNP 输出电路图

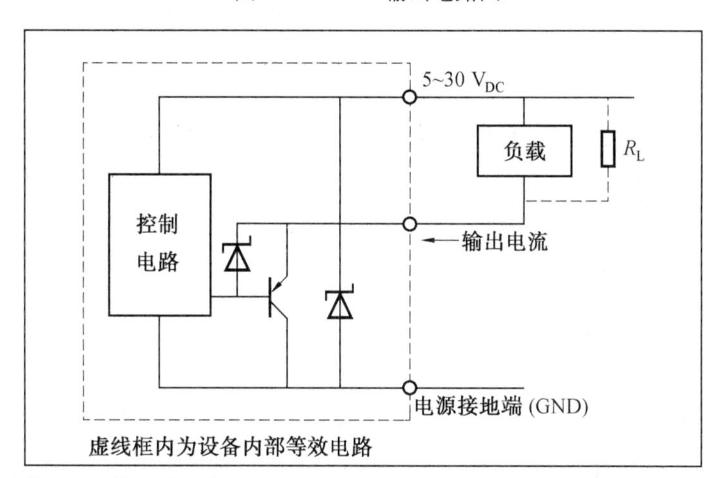

当使用电压信号时,需连接电阻R_L,推荐阻值5.1 kΩ,功率大于等于0.25 W

图 2.15 NPN 输出电路图

2.6.2 风力测量原理

STM32 中的定时器主要有系统滴答定时器、基本定时器、通用定时器、高级控制定时器和看门狗定时器等。

1.系统滴答定时器

SysTick 是一个 24 位定时器,属于 CM3 内核中的一个外设。这个定时器放在 NViC 中,其主要目的是给操作系统提供一个硬件上的中断,常用于对时间要求严格的情况,其意义是很重要的。SysTick 定时器一次最多可以计数 2^{24} 个时钟脉冲,这个脉冲计数值保存在当前计数值 STK_VAL(Systick current value register) 中,只能向下计数,也就是倒计数。每接收到一个时钟脉冲,STK_VAL 的值就会向下减 1,当减到 0 时,硬件会自动将重载寄存器 STK_LOAD 中保存的数值到 STK_VAL,使其重新计数,系统定时器就产生一次中断,以此循环往复,只要不把它在 SysTick 控制及状态寄存器中的使能位清除,就永不停息。

2.基本定时器

基本定时器的功能主要有两个:一是基本定时功能,当累加的时钟脉冲数超过预定值时,能触发中断或者触发 DMA 请求;二是专门用于驱动数模转换器。

3.通用定时器

通用定时器在基本定时器的基础上增加了外部引脚,可以进行输入捕获和输出比较。

4.高级控制定时器

高级控制定时器包括:一个 16 位向上、向下、向上/向下自动重载计数器;一个 16 位计数器;一个 16 位可编程(可以实施修改) 预分频器,预分频器的时钟源在高级控制定时器中是可选的,可选择内部的时钟和外部的时钟;还有一个 8 位重复计数器。这样,最高可以实现 40 位可编程定时。高级控制定时器在通用定时器的基础上增加了可编程死区互补输出、重复计数器、带刹车(断路) 功能,这些功能都是针对工业电机控制方面的。高级控制定时器已经包含了基本定时器和通用定时器的所有功能。

5.看门狗定时器

STM32F1 芯片内部含有两个看门狗外设:一个是独立看门狗 IWDG;另一个是窗口看门狗 WWDG。两个看门狗外设(独立和窗口) 均可用于检测并解决由软件错误导致的故障。独立看门狗简单理解其实就是一个 12 位递减计数器,当计数器从某一个值递减到 0 时(如果看门狗已激活),系统就会产生一次复位。如果在计数器递减到 0 之前刷新了计数器值,那么系统就不会产生复位。这个刷新计数器值过程称为"喂狗"。看门狗功能由 V_{DD} 电压域供电,在停止模式和待机模式下仍能工作。

2.6.3 风速和风力介绍

风力是指风吹到物体上所表现出的力量的大小。一般根据风吹到地面或水面的物体上所产生的各种现象,把风力的大小分为 18 个等级,最小是 0 级,最大是 17 级。

风速是风的前进速度。相邻两地间的气压差越大,空气流动越快,风速越大,风的力量自然也就越大。因此,通常都以风力来表示风的大小。风速的单位用 m/s 或 km/h 来表示。而发布天气预报时,大多用的是风力等级。风力等级表见表 2.12。

表 2.12 风力等级表

风级	名称	风速 /($m \cdot s^{-1}$)	陆地物象	水面物象	浪高 /m
0	无风	0.0 ~ 0.2	烟直上,感觉没风	平静	0.0

续表2.12

风级	名称	风速 /(m·s^{-1})	陆地物象	水面物象	浪高 /m
1	软风	0.3 ~ 1.5	烟示风向,风向标不转动	有微波,波峰无飞沫	0.1
2	轻风	1.6 ~ 3.3	感觉有风,树叶有一点响声	有小波,波峰未破碎	0.2
3	微风	3.4 ~ 5.4	树叶树枝摇摆,旌旗展开	有小波,波峰顶破裂	0.6
4	和风	5.5 ~ 7.9	吹起尘土、纸张、灰尘、沙粒	有小浪,波峰白沫	1.0
5	清劲风	8.0 ~ 10.7	小树摇摆,湖面泛小波,阻力极大	有中浪折沫峰群	2.0
6	强风	10.8 ~ 13.8	树枝摇动,电线有声,举伞困难	有大浪,波峰飞沫到个	3.0
7	疾风	13.9 ~ 17.1	步行困难,大树摇动,气球吹起或破裂	浪峰出现破裂,且白沫成条	4.0
8	大风	17.2 ~ 20.7	折毁树枝,前行感觉阻力很大,可能伞飞走	出现很长很高的大浪,波峰有浪花	5.5
9	烈风	20.8 ~ 24.4	屋顶受损,瓦片吹飞,树枝折断	浪峰出现倒卷	7.0
10	狂风	24.5 ~ 28.4	拔起树木,摧毁房屋	海浪翻滚咆哮	9.0
11	暴风	28.5 ~ 32.6	损毁普遍,房屋吹走,有可能出现“沙尘暴”	波峰全呈飞沫	11.5
12	台风(北太平洋东部)	32.7 ~ 36.9	陆上极少,造成巨大灾害,房屋吹走	海浪滔天	14.0

2.6.4 风速变送器介绍

VMS - 3000 - FS 风速变送器(脉冲型)如图2.16所示,其外形小巧轻便,便于携带和组装,三杯设计理念可以有效获得风速信息,壳体采用聚碳酸酯复合材料,具有良好的防腐、防侵蚀等特点,能够保证变送器长期使用无锈琢现象,同时配合内部顺滑的轴承系统,确保了信息采集的精确性,被广泛应用于温室、环境保护、气象站、船舶、码头、养殖等环境的风速测量。

1.功能特点

(1)量程0 ~ 70 m/s,分辨率0.087 5 m/s。

(2)防电磁干扰处理。

图 2.16 风速变送器

(3) 采用底部出线方式。完全杜绝航空插头橡胶垫老化问题,长期使用仍然防水。

(4) 采用高性能进口轴承,转动阻力小,测量精确。

(5) 全铝外壳,机械强度大,硬度高,耐腐蚀,不生锈,可长期使用于室外。

(6) 设备结构及质量经过精心设计及分配,转动惯量小,响应灵敏。

(7) 脉冲输出型计算:变送器转 1 圈,输出 20 个脉冲。

2.主要技术指标

风速变送器主要技术指标见表 2.13。

表 2.13 风速变送器主要技术指标

直流供电(默认)	5 ~ 30 V_{DC}	
变送器电路工作温度	- 20 ~ 60 ℃,0%RH ~ 80%RH	
通信接口	脉冲输出	
分辨率	0.125 m/s 1 m/s = (8 个脉冲)	
测量范围	0 ~ 60 m/s	
动态响应时间	≤ 0.5 s	
精度	± 0.3 m/s	
启动风速	≤ 0.2 m/s	
负载能力	PNP	≥ 100 mA
	NPN	≥ 100 mA

3.接线方式

风速变送器接线方式见表 2.14,其接线图如图 2.17 所示。

表 2.14 风速变送器接线方式

	线色	说明
电源	棕色	电源正(5 ~ 30 V_{DC})
	黑色	电源负
脉冲信号	绿色	no PIN
	蓝色	VMSOUT

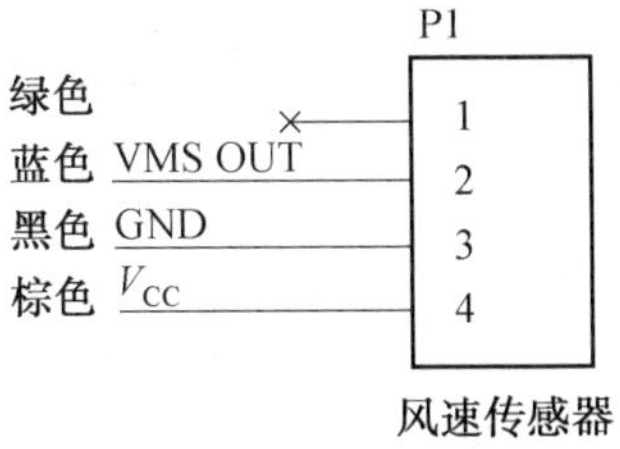

P1

绿色 1
蓝色 VMS OUT 2
黑色 GND 3
棕色 V_{CC} 4

风速传感器

图 2.17　风速变送器接线图

2.6.5　风速变送器的数据采集

机械式风速传感器由空气流动产生的风力推动传感器旋转，中轴带动内部感应元件产生脉冲信号，在风速测量范围内，风速与脉冲频率成一定的线性关系，可据此推算风速。

VMS - 3000 - FS 风速变送器(脉冲型)同输出脉冲信号，可直接连接单片机 I/O 口，通过外部中断进行计数并通过每秒脉冲个数计算风速。供电电源电压为 5 ~ 30 V_{DC}，注意所选型号输出脉冲类型(NPN 或 PNP)，输出为电流信号，若想要输出电压信号，需接负载电阻和上拉电阻，否则观察不到脉冲输出。

2.6.6　实验内容及步骤

1.实验内容

(1) 放置有关实验模块。

在关闭系统电源的情况下，按要求放置下列实验模块(已放置的可跳过该步骤)：

① 风力模块；

②LoRa 模块。

更换模块需要专用工具，为便于管理，该步骤可由老师在课前完成。

(2) 加电。

打开系统电源开关，通过液晶显示和模块运行指示灯状态，观察实验箱加电是否正常。若加电状态不正常，请立即关闭电源，查找异常原因。

(3) 选择实验内容。

在液晶上根据功能菜单选择基础实验项目 → 风力，进入风力实验页面。

2.实验数据观测

在数据观测页面将会显示传感器返回的实时情况，给传感器不同大小的吹风，记录对应的风力。尝试多记录几组数据。操作步骤如下。

(1) 模块操作过程。

将风速变送器连接到风力模块上，连接完成后观察界面上的风力，给风速变送器不同大小的风，观察返回的风速的变化。

(2) 记录实验数据于表 2.15。

表 2.15 实验数据记录

实验序号	风力／级

3.风速传感器拓展

（1）机械式风速传感器。

空气流动产生的风力推动传感器旋转，中轴带动内部感应元件产生脉冲信号，在风速测量范围内，风速与脉冲频率成一定的线性关系，可据此推算风速。

（2）超声波式风速传感器。

空气流动通过传感器探头测量区域，区域处设有两对超声波探头（一般成“十”字交叉排列），通过计算超声波在两点之间的传输的时间差，就可以计算出风的速度。这种方式可以避免温度对声速带来的影响。

2.6.7 实验报告要求

（1）简述定时器的功能和使用方法。

（2）完成实验中的测量并记录下不同情况下的风力。

（3）尝试编写程序实现风速变送器的使用。

2.7 海洋雨量测量实验

2.7.1 雨量传感器

1.仪器特点

雨量传感器是一种能够将被测点水位参量转变成相应电信号的仪器。对于太阳能热水器来说，雨量传感器有着极为关键的作用，它是实现热水器智能化的重要保障。雨量传感器精度高，稳定性好，能够实现诊断过程的双向通信，在城市供电、水电水利、石化、冶金等多个领域中都有所应用。常见的雨量传感器主要有流量式雨量传感器、静电式雨量传感器、压电式雨量传感器和红外线式雨滴传感器。当然，也有比较特别的，如特斯拉用图像视觉去判断下雨量。

2.工作原理

雨量传感器通常输出的信号是电流 4 ~ 20 mA、0 ~ 20 mA，或电压 0 ~ 5 V、1 ~ 5 V、0 ~10 V 等，通常电流型的雨量传感器是二线或四线制，电压型的是三线制输出。目前不少雨量传感器是 24 V_{DC} 供电电源的，绝大部分是 10 V_{DC}，有些功耗较大的变送器，10 V_{DC} 的电源无法带动，因此只能外接供电源 24 V_{DC}。这样，就出现了四个接线端子：供电 +、供

电 -、反馈 + 和反馈 -。

四线制接线方式:电源 +— 供电 +;电源 -— 供电 -;信号 +— 反馈 +,信号 -— 反馈 -。

电流型二线制接线方式:电源 +— 供电 +;信号 +— 反馈 +,供电 -— 反馈 -。假如不远传,则只需接24 V电压 +、-;假如需要远传,则需要组成回路,如24 V + 接压力表 +,压力表 - 接4 ~ 20 mA +,4 ~ 20 mA - 接24 V -。可能中间有端子,要看一下回路图。

电压型三线制接线方式:电源 + — 供电 +;电源 -(信号 -)— 供电 -;信号 + — 反馈 +、电源 -(信号 -)。

3.示例

以 SL2 - 1 型雨量传感器为例进行简单的介绍。

雨水由截面积为 200 cm^2 的集水器汇集,通过装有小圆护网的小漏斗及其下端的引流管注入翻斗。SL2 - 1 型雨量传感器由集水器、翻斗、过滤网、计数翻斗、调节螺钉、干簧管等组成。在测量过程中,降水由集水器汇集,通过过滤网过滤,经小漏斗流入计数翻斗内,当翻斗承积的水量达到一定数量时,翻斗翻动,另一半翻斗开始盛水。计数翻斗中部装有一块小磁钢,磁钢上端有干簧管。当计数翻斗翻动时,磁钢对干簧管进行扫描,使干簧管接点因磁化而瞬间闭合 1 次,送出 1 个电路导通脉冲,相当于 0.1 mm 降雨量,离开时干簧管又断开,这样周而复始,对降水进行计数。

2.7.2 雨量的概念和计量方法

一定时间内以雨的形式降下的水分或水量通常以英寸水深来度量。雨量即降水量,是衡量一个地区在某段时间内降水多少的数据。

气象学上讲,所谓雨量,就是在一定时段内降落到水平面上(无渗漏、蒸发、流失等)的雨水深度,用雨量计测定,以 mm 为单位,气象台站在有降水的情况下,每隔 6 h 测量一次。

雨量是用雨量器和雨量杯来计算的。雨量器是个圆柱形的开口筒,筒口面积在我国多约为 314 cm^2(直径 20 cm)。为防止降水蒸发,其上部呈漏洞型,下部放一储水瓶。为观测方便,与上述口径配套有一特制量杯,即雨量杯,其口径为 4 cm,因此每毫米降水量在雨量杯上的长度为 25 mm。为连续记录液态降水量,水文气象部门多使用虹吸式雨量计或翻斗式遥测雨量计,不仅记录了总降水量,还可以判定不同时段的降水量或降水强度,以在平面收集到的雨水深度表示,准确程度至 0.25 mm,有时也会以 L/m^2 表示。在气象统计名词上,雨量又称降雨量,即一定时间内之降水累积量,若降水量小于 0.1 mm,则视为雨迹,雨量等级表见表 2.16。

表 2.16 雨量等级表

降水等级用语	12 h 降水总量 /mm	24 h 降水总量 /mm
毛毛雨、小雨、阵雨	0.1 ~ 4.9	0.1 ~ 9.9
小雨 - 中雨	3.0 ~ 9.9	5.0 ~ 16.9

续表2.16

降水等级用语	12 h 降水总量 /mm	24 h 降水总量 /mm
中雨	5.0 ~ 14.9	10.0 ~ 24.9
中雨 - 大雨	10.0 ~ 22.9	17.0 ~ 37.9
大雨	15.0 ~ 29.9	25.0 ~ 49.9
大雨 - 暴雨	23.0 ~ 49.9	38.0 ~ 74.9
暴雨	30.0 ~ 69.9	50.0 ~ 99.9
暴雨 - 大暴雨	50.0 ~ 104.9	75.0 ~ 174.9
大暴雨	70.0 ~ 139.9	100.0 ~ 249.9
大暴雨 - 特大暴雨	105.0 ~ 169.9	150.0 ~ 239.9
特大暴雨	≥ 140.0	≥ 250.0

2.7.3 脉冲雨量传感器介绍

JXBS - 3001 - MCYL 系列脉冲雨量传感器示意图如图 2.18 所示，其外型小巧轻便，便于携带和组装，用于测量自然界降雨量，同时将降雨量转换为以开关量形式表示的数字信息量输出，以满足信息传输、处理、记录和显示等的需要，可用于气象台（站）、水文站、农林、国防、野外测报站等有关部门。

翻斗式雨量计是根据将雨量转换为可进行计量的物理信号的原理来对降水量进行测量的，可广泛用于小型气象站、水文站、农林等有关部门测量降水量、降水强度、降水时间，输出脉冲信号，通过记录脉冲数达到测量雨水大小的目的。内部翻斗如图 2.19 所示。

图 2.18　脉冲雨量传感器示意图

图 2.19　内部翻斗

棕色线接 12 V 直流电压正极，黑色线接 12 V 直流电压负极，示波器测量的波形的单个表笔一端接蓝色信号线，另一端接黑色线，通过观察示波器波形变化计算降雨量。传感器内部漏斗每翻动一次，会出现一个脉冲波形，一个脉冲表示 0.2 mm，总的降雨量通过计算脉冲数即可计算出来。

2.7.4 脉冲雨量传感器的数据采集

翻斗式雨量传感器由盛水器、上翻斗、计量翻斗、计数翻斗、弹簧开关等构成，其工作原理为：雨水由最上端的承水口进入盛水器，落入接水漏斗，经漏斗口流入翻斗，当积水量达到一定高度（如 0.02 mm）时，翻斗失去平衡翻倒，而每一次翻斗倾倒都使开关接通电路，向外输送一个脉冲信号。

JXBS - 3001 - MCYL 脉冲雨量传感器输出为脉冲信号，输出信号经光电耦合器和运算放大器后可直接连接单片机 I/O 口进行计数并计算处理和输出，可以使用外部中断进行脉冲计数。

2.7.5 实验内容及步骤

1.实验准备

(1) 放置有关实验模块。

在关闭系统电源的情况下，按要求放置下列实验模块（已放置的可跳过该步骤）：

① 雨量模块；

②LoRa 模块。

更换模块需要专用工具，为便于管理，该步骤可由老师在课前完成。

(2) 加电。

打开系统电源开关，通过液晶显示和模块运行指示灯状态，观察实验箱加电是否正常。若加电状态不正常，请立即关闭电源，查找异常原因。

(3) 选择实验内容。

在液晶上根据功能菜单选择基础实验项目 → 雨量，进入雨量实验页面。

2.实验数据观测

在数据观测页面将会显示传感器返回的实时情况，向传感器中加入适量的水，记录下对应的雨量，尝试多记录下几组数据，观察雨量的变化。操作步骤如下。

(1) 模块操作过程。

将脉冲雨量传感器连接到雨量模块上，连接完成后观察界面上的雨量大小，向雨量传感器中倒入不同量的水，观察返回的雨量的变化。

(2) 记录实验数据于表 2.17。

表 2.17 实验数据记录

实验序号	雨量/mm

2.7.6 雨量传感器的二次开发

（1）编写代码。

打开 keil5，参考所给例程独立编写使用脉冲雨量传感器的代码实现功能。试想一下，除例程中的方法外，有没有别的方法可以实现雨量传感器计数脉冲？请通过代码实现。

（2）烧写程序。

代码编写完成后，用 USB 线连接 J - Link 仿真器和电脑，并把 J - Link 仿真器与深度传感器所在的 STM32 连接，最后下载程序至单片机。

（3）观察数据。

观察得到的数据，与之前测得的数据比较，查看是否相同。如果不同，请分析原因。

2.7.7 实验报告要求

（1）简述雨量的定义，并写出雨量的计量方法。

（2）完成实验中的测量并记录下不同大小的雨量。

（3）尝试编写程序，实现雨量脉冲传感器的使用。

2.8 基于 GPS + 北斗双模模块海洋空间定位

2.8.1 GPS 实验原理

全球定位系统（GPS）又称全球卫星定位系统，是一个中距离圆轨道卫星导航系统，它可以为地球表面绝大部分地区提供准确的定位、测速和高精度的时间标准。GPS 由美国国防部研制和维护，可满足位于全球任何地方或近地空间的军事用户连续精确的确定三维位置、三维运动和时间的需要。该系统包括太空中的 24 颗 GPS 卫星，地面上 1 个主控站、3 个数据注入站和 5 个监测站，以及作为用户端的 GPS 接收机。

GPS 接收机的定位实际是通过计算接收机距不同卫星的距离来完成的：如果接收机知道它离第一颗卫星的距离，接收机在宇宙中可能的位置就是一个球；如果接收机同时知道它与第二颗卫星的距离，接收机可能的位置就是两个球的交线；如果接收机同时知道它与第三颗卫星的距离，那么接收机的可能位置就是三个球的两个交点。这两个交点到底哪个是真正的位置点呢？其实非常好判断：一个点在距离地表 10 km 之内，一个点在距离地表几千千米以外，答案显而易见。大家都知道，GPS 需要至少四颗卫星来定位，那这第四颗卫星是怎么回事呢？无线电波以 30 万 km/s 的速度传输，从卫星发射信号到接收机收到信号只需要大概 0.06 s。如果接收机的时间精度是百万分之一秒，那么折算出来的距离误差就是 300 m。在卫星上的时钟是四个原子钟，同步的精度为几十亿分之一秒。接收机的时钟是普通石英钟，精度远达不到百万分之一秒，如果也用原子钟，每个原子钟造价是二十万美金，成本太高。因此，第四颗卫星的信号实际上是供 GPS 接收机用时间基准来计算接收机距离其他三颗卫星的距离：有了时间基准，接收机就可以测量从其他三颗卫星到达接收机的时间,然后把时间转换成距离。

GPS 导航系统的基本原理是测量出已知位置的卫星到用户接收机之间的距离,然后综合多颗卫星的数据就可以知道接收机的具体位置。要达到这一目的,卫星的位置可以根据星载时钟所记录的时间在卫星星历中查出。而用户到卫星的距离则通过记录卫星信号传播到用户所经历的时间,再将其乘以光速得到。由于大气层电离层的干扰,因此这一距离并不是用户与卫星之间的真实距离,而是伪距(PR)。当 GPS 卫星正常工作时,会不断地用 1 和 0 二进制码元组成的伪随机码(简称伪码)发射导航电文。

GPS 系统使用的伪码一共有两种,分别是民用的 C/A 码和军用的 P(Y) 码。C/A 码频率为 1.023 MHz,重复周期为 1 ms,码间距为 1 μm,相当于 300 m;P 码频率为 10.23 MHz,重复周期为 266.4 d,码间距为 0.1 μm,相当于 30 m;而 Y 码是在 P 码的基础上形成的,保密性能更佳。导航电文包括卫星星历、工作状况、时钟改正、电离层时延修正、大气折射修正等信息,它是从卫星信号中解调制出来,以 50 bit/s 调制在载频上发射的。导航电文每个主帧中包含 5 个子帧,每帧长 6 s。前三帧各 10 个字码,每 30 s 重复一次,每小时更新一次;后两帧共 15 000 bit。导航电文中的内容主要有遥测码,转换码,第 1、2、3 数据块,其中最重要的是星历数据。当用户接收到导航电文时,提取出卫星时间并将其与自己的时钟做对比便可得知卫星与用户的距离,再利用导航电文中的卫星星历数据推算出卫星发射电文时所处位置和用户在 WGS - 84 大地坐标系中的位置速度等信息。可见,GPS 导航系统卫星部分的作用就是不断地发射导航电文。然而,由于用户接收机使用的时钟与卫星星载时钟不可能总是同步的,因此除用户的三维坐标 x、y、z 外,还要引进一个 Δt 即卫星与接收机之间的时间差作为未知数,然后用 4 个方程将这 4 个未知数解出来。如果想知道接收机所处的位置,则至少要能接收到 4 个卫星的信号。

GPS 在海洋上的应用包括远洋船最佳航线测定、船只实时调度与导航、海洋救援、海洋探宝、水文地质测量,以及海洋平台定位、海平面升降检测等。

2.8.2 北斗卫星概述

北斗卫星导航系统(简称北斗系统)是中国着眼于国家安全和经济社会发展需要,自主建设、独立运行的卫星导航系统,是为全球用户提供全天候、全天时、高精度的定位、导航和授时服务的国家重要空间基础设施。随着北斗系统建设和服务能力的发展,相关产品已广泛应用于交通运输、海洋渔业、水文监测、气象预报、测绘地理信息、森林防火、通信系统、电力调度、救灾减灾、应急搜救等领域,逐步渗透到人类社会生产和生活的方方面面,为全球经济和社会发展注入新的活力。

1.基本组成

北斗系统由空间段、地面段和用户段三部分组成,其示意图如图 2.20 所示。

(1) 空间段。由若干地球静止轨道卫星、倾斜地球同步轨道卫星和中圆地球轨道卫星组成。

(2) 地面段。包括主控站、时间同步 / 注入站和监测站等若干地面站,以及星间链路运行管理设施。

(3) 用户段。包括北斗及兼容其他卫星导航系统的芯片、模块、天线等基础产品,以

图 2.20 北斗系统示意图

及终端设备、应用系统与应用服务等。

2.增强系统

北斗系统增强系统包括地基增强系统与星基增强系统。

北斗地基增强系统是北斗卫星导航系统的重要组成部分,按照“统一规划、统一标准、共建共享”的原则,整合国内地基增强资源,建立以北斗为主,兼容其他卫星导航系统的高精度卫星导航服务体系,利用北斗/GNSS高精度接收机,通过地面基准站网,利用卫星、移动通信、数字广播等播发手段,在服务区域内提供1~2 m、分米级和厘米级实时高精度导航定位服务。系统建设分两个阶段实施:一期为2014—2016年底,主要完成框架网基准站、区域加强密度网基准站、国家数据综合处理系统,以及国土资源、交通运输、中科院、地震、气象、测绘地理信息等六个行业数据处理中心等建设任务,建成基本系统,在全国范围提供基本服务;二期为2017—2018年底,主要完成区域加强密度网基准站补充建设,进一步提升系统服务性能和运行连续性、稳定性、可靠性,具备全面服务能力。

北斗星基增强系统北斗卫星导航系统的重要组成部分,通过地球静止轨道卫星搭载卫星导航增强信号转发器,可以向用户播发星历误差、卫星钟差、电离层延迟等多种修正信息,实现对于原有卫星导航系统定位精度的改进,按照国际民航标准开展北斗星基增强系统设计、试验与建设,已完成系统实施方案论证,固化了系统在下一代双频多星座(DFMC)SBAS标准中的技术状态,进一步巩固了BDSBAS作为星基增强服务供应商的地位。

2.8.3 GPS/北斗模块概述

ATK-S1216F8-BDGPS/北斗模块是一款高性能GPS/北斗双模定位模块,其外观图如图2.21所示。该模块特点如下。

(1)模块采用S1216F8-BD模组,体积小巧,性能优异。

(2)模块可通过串口进行各种参数设置,并可保存在内部Flash,使用方便。

(3) 模块自带 IPX 接口,可以连接各种有源天线,建议连接 GPS/ 北斗双模有源天线。

(4) 模块兼容 3.3 V/5 V 电平,方便连接各种单片机系统。

(5) 模块自带可充电后备电池,可以掉电保持星历数据。

注:在主电源断开后,后备电池可以维持半小时左右的 GPS/ 北斗星历数据的保存,以支持温启动或热启动,从而实现快速定位。

模块通过串口与外部系统连接,串口波特率支持 4 800 bit/s、9 600 bit/s、19 200 bit/s、38 400 bit/s(默认)、57 600 bit/s、115 200 bit/s、230 400 bit/s 等不同速率,兼容3.3 V/5 V 单片机系统。

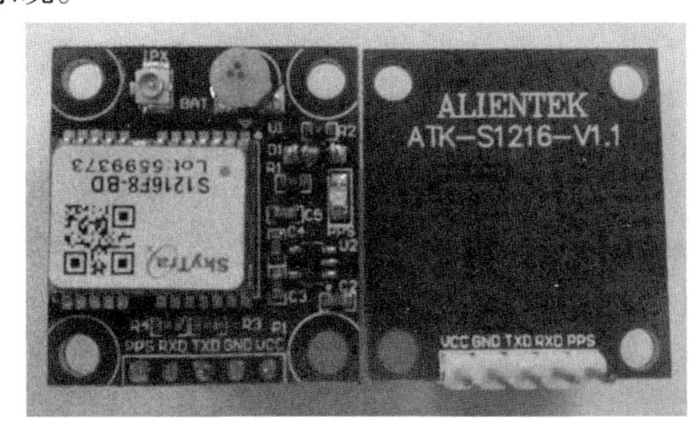

图 2.21　GPS/ 北斗双模定位模块外观图

其中,PPS 引脚同时连接到了模块自带了的状态指示灯,PPS 引脚连接在 S1216F8 -BD 模组的 1PPS 端口,该端口的输出特性可以通过程序设置。PPS 指示灯(即 PPS 引脚) 在默认条件下(没经过程序设置) 有两个状态。

(1) 常亮。表示模块已开始工作,但还未实现定位。

(2) 闪烁(100 ms 灭,900 ms 亮)。表示模块已经定位成功。

这样,通过 PPS 指示灯,就可以很方便地判断模块的当前状态,方便大家使用。

另外,图 2.21 中,左上角的 IPX 接口用来外接一个有源天线,通过外接有源天线,可以把模块放到室内,天线放到室外,实现室内定位。

一般 GPS 有源天线都是采用 SMA 接口,需要准备一根 IPX(IPEX) 转 SMA 的连接线,从而连接 ATK - S1216F8 - BDGPS/ 北斗模块与有源天线,如图 2.22 所示。

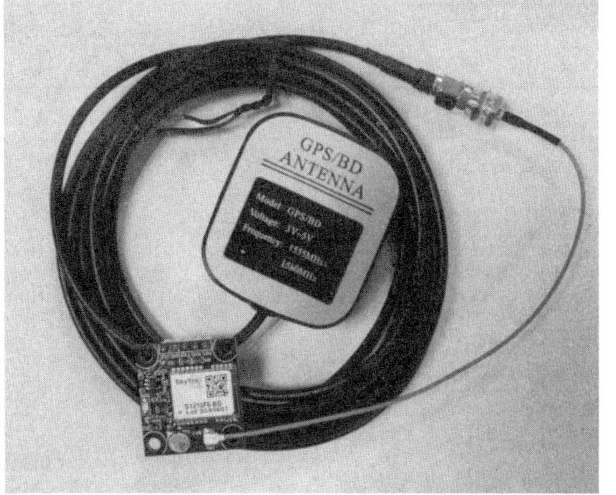

图 2.22　ATK - S1216F8 - BDGPS/ 北斗模块外接有源天线

2.8.4 NMEA - 0183 协议简介

NMEA - 0183是美国国家海洋电子协会(National Marine Electronics Association) 为海用电子设备制定的标准格式,目前已成为GPS/北斗导航设备统一的海运事业无线电技术委员会(Radio Technical Commission for Maritimeservices,RTCM) 标准协议。

NMEA - 0183协议采用ASCII码来传递GPS定位信息,称为帧。

帧格式为 $aaccc,ddd,ddd,…,ddd*hh(CR)(LF)。

(1)“$”。帧命令起始位。

(2)aaccc。地址域,前两位为识别符(aa),后三位为语句名(ccc)。

(3)ddd,…,ddd。数据。

(4)“*”。校验和前缀(也可以作为语句数据结束的标志)。

(5)hh。校验和(checksum),指$与*之间所有字符ASCII码的校验和(各字节做异或运算,得到校验和后,再转换16进制格式的ASCII字符)。

(6)(CR)(LF)。帧结束,回车和换行符。

NMEA - 0183常用命令见表2.18。

表2.18 NMEA - 0183常用命令

序号	命令	说明	最大帧长/B
1	$GNGGA	GPS/北斗定位信息	72
2	$GNGSA	当前卫星信息	65
3	$GPGSV	可见GPS卫星信息	210
4	$BDGSV	可见北斗卫星信息	210
5	$GNRMC	推荐定位信息	70
6	$GNVTG	地面速度信息	34
7	$GNGLL	大地坐标信息	—
8	$GNZDA	当前时间(UTC)信息	—

注:协调世界时间又称世界统一时间或世界标准时间,简称UTC,相当于本初子午线(0度经线)上的时间。北京时间比UTC早8个小时。

下面分别介绍这些命令。

1. $GNGGA(**GPS定位信息**,Global Positioning System Fix Data)

$GNGGA语句的基本格式如下(其中,M指单位M,hh指校验和,(CR)和(LF)代表回车和换行,下同):

$GNGGA, (1), (2), (3), (4), (5), (6), (7), (8), (9),M, (10),M, (11),(12)*hh(CR)(LF)

(1)UTC时间,格式为hhmmss.ss。

(2)纬度,数据格式为ddmm.mmmmm(度分格式)。

(3)纬度半球,N或S(北纬或南纬)。

(4)经度,数据格式为dddmm.mmmmm(度分格式)。

(5)经度半球,E或W(东经或西经)。

(6)GPS状态,0=未定位,1=非差分定位,2=差分定位。

(7) 正在使用的用于定位的卫星数量(00 ~ 12)。

(8)HDOP 水平精确度因子(0.5 ~ 99.9)。

(9) 海拔高度(- 9 999.9 ~ 9 999.9 m)。

(10) 大地水准面高度(- 9 999.9 ~ 9 999.9 m)。

(11) 差分时间(从最近一次接收到差分信号开始的秒数,非差分定位,此项为空)。

(12) 差分参考基站标号(0000 到 1023,首位 0 也将传送,非差分定位,此项为空)。

举例如下:

$ GNGGA,095528.000,2318.1133,N,11319.7210,E,1,06,3.7,55.1,M, - 5.4, M,,0000 * 69

2. $ GNGSA(**当前卫星信息**)

$ GNGSA 语句的基本格式如下:

$ GNGSA,(1),(2),(3),(3),(3),(3),(3),(3),(3),(3),(3),(3),(3),(3),(4),(5),(6) * hh(CR)(LF)

(1) 模式,M = 手动,A = 自动。

(2) 定位类型,1 = 未定位,2 = 2D 定位,3 = 3D 定位。

(3) 正在用于定位的卫星号(01 ~ 32)。

(4)PDOP 综合位置精度因子(0.5 ~ 99.9)。

(5)HDOP 水平精度因子(0.5 ~ 99.9)。

(6)VDOP 垂直精度因子(0.5 ~ 99.9)。

举例如下:

$ GNGSA,A,3,14,22,24,12,,,,,,,,,4.2,3.7,2.1 * 2D

$ GNGSA,A,3,209,214,,,,,,,,,,,4.2,3.7,2.1 * 21

注:精度因子值越小,则准确度越高。

3. $ GPGSV(**可见卫星数**,GPS Satellite SIN View)

$ GPGSV 语句的基本格式如下:

$ GPGSV,(1),(2),(3),(4),(5),(6),(7),…,(4),(5),(6),(7) * hh(CR)(LF)

(1)GSV 语句总数。

(2) 本句 GSV 的编号。

(3) 可见卫星的总数(00 ~ 12,前面的 0 也将被传输)。

(4) 卫星编号(01 ~ 32,前面的 0 也将被传输)。

(5) 卫星仰角(00 ~ 90°,前面的 0 也将被传输)。

(6) 卫星方位角(000 ~ 359°,前面的 0 也将被传输)。

(7) 信噪比(00 ~ 99 dB,没有跟踪到卫星时为空)。

注:每条 GSV 语句最多包括四颗卫星的信息,其他卫星的信息将在下一条 $ GPGSV 语句中输出。

举例如下:

$ GPGSV,3,1,11,18,73,129,19,10,71,335,40,22,63,323,41,25,49,127,06 * 78

$ GPGSV,3,2,11,14,41,325,46,12,36,072,34,31,32,238,22,21,23,194,08 * 76

$GPGSV,3,3,11,24,21,039,40,20,08,139,07,15,08,086,03*45

4. $BDGSV(**可见卫星数**,BDS Satellite SIN View)

$BDGSV 语句的基本格式如下:

$BDGSV, (1), (2), (3), (4), (5), (6), (7),…, (4), (5), (6), (7) *hh(CR)(LF)

(1)GSV 语句总数。

(2) 本句 GSV 的编号。

(3) 可见卫星的总数(00 ~ 12,前面的 0 也将被传输)。

(4) 卫星编号(01 ~ 32,前面的 0 也将被传输)。

(5) 卫星仰角(00 ~ 90°,前面的 0 也将被传输)。

(6) 卫星方位角(000 ~ 359°,前面的 0 也将被传输)。

(7) 信噪比(00 ~ 99 dB,没有跟踪到卫星时为空)。

注:每条 GSV 语句最多包括四颗卫星的信息,其他卫星的信息将在下一条 $BDGSV 语句中输出。

举例如下:

$BDGSV,1,1,02,209,64,354,40,214,05,318,40*69

5. $GNRMC(**推荐定位信息**,Recommended Minimum Specific GPS/Transit Data)

$GNRMC 语句的基本格式如下:

$GNRMC, (1), (2), (3), (4), (5), (6), (7), (8), (9), (10), (11), (12) *hh(CR)(LF)

(1)UTC 时间,hhmmss(时分秒)。

(2) 定位状态,A = 有效定位,V = 无效定位。

(3) 纬度,数据格式为 ddmm.mmmmm(度分)。

(4) 纬度半球,N(北半球) 或 S(南半球)。

(5) 经度,数据格式为 dddmm.mmmmm(度分)。

(6) 经度半球,E(东经) 或 W(西经)。

(7) 地面速率(000.0 ~ 999.9)(1 节 = 1.852 km/h)。

(8) 地面航向(000.0 ~ 359.9°,以真北方为参考基准)。

(9) UTC 日期,ddmmyy(日月年)。

(10) 磁偏角(000.0 ~ 180.0°,前导位数不足则补 0)。

(11) 磁偏角方向,E(东) 或 W(西)。

(12) 模式指示,A = 自主定位,D = 差分,E = 估算,N = 数据无效。

举例如下:

$GNRMC,095554.000,A,2318.1327,N,11319.7252,E,000.0,005.7,081215,,, A*73

6. $GNVTG(**地面速度信息**,Track Made Goodand Ground Speed)

$GNVTG 语句的基本格式如下:

$GNVTG,(1),T,(2),M,(3),N,(4),K,(5)*hh(CR)(LF)

(1) 以真北为参考基准的地面航向(000 ~ 359°,前面的 0 也将被传输)。
(2) 以磁北为参考基准的地面航向(000 ~ 359°,前面的 0 也将被传输)。
(3) 地面速率(000.0 ~ 999.9 节,前面的 0 也将被传输)。
(4) 地面速率(0 000.0 ~ 1 851.8 km/h,前面的 0 也将被传输)。
(5) 模式指示,A = 自主定位,D = 差分,E = 估算,N = 数据无效。
举例如下:
$GNVTG,005.7,T,,M,000.0,N,000.0,K,A*11
7. $GNGLL(**定位地理信息**,Geogra Phic Position)
$GNGLL 语句的基本格式如下:
$GNGLL,(1),(2),(3),(4),(5),(6),(7)*hh(CR)(LF)
(1) 纬度,数据格式为 ddmm.mmmmm(度分)。
(2) 纬度半球,N(北半球) 或 S(南半球)。
(3) 经度,数据格式为 dddmm.mmmmm(度分)。
(4) 经度半球,E(东经) 或 W(西经)。
(5)UTC 时间,hhmmss(时分秒)。
(6) 定位状态,A = 有效定位,V = 无效定位。
(7) 模式指示,A = 自主定位,D = 差分,E = 估算,N = 数据无效。
举例如下:
$GNGLL,2318.1330,N,11319.7250,E,095556.000,A,A*4F
8. $GNZDA(**当前时间信息**)
$GNZDA 语句的基本格式如下:
$GNZDA,(1),(2),(3),(4),(5),(6)*hh(CR)(LF)
(1)UTC 时间,hhmmss(时分秒)。
(2) 日。
(3) 月。
(4) 年。
(5) 本地区域小时(NEO - 6M 未用到,为 00)。
(6) 本地区域分钟(NEO - 6M 未用到,为 00)。
举例如下:
$GNZDA,095555.000,08,12,2015,00,00*4C
NMEA - 0183 协议命令帧部分就介绍到这里,下面介绍 NMEA - 0183 协议的校验。

通过前面的介绍,可知每一帧最后都有一个 hh 的校验和,该校验和是通过计算 $ 与 * 之间所有字符 ASCII 码的异或运算得到的,将得到的结果以 ASCII 字符表示就是该校验和(hh)。例如,语句 $GNZDA,095555.000,08,12,2015,00,00*4C,校验和(红色部分参与计算) 计算方法如下:

0X47xor0X4Exor0X5Axor0X44xor0X41xor0X2Cxor0X30xor0X39xor0X35xor0X35 xor0X35xor0X35xor0X2Exor0X30xor0X30xor0X30xor0X2Cxor0X30xor0X38xor0X2Cxor 0X31xor0X32xor0X2Cxor0X32xor0X30xor0X31xor0X35xor0X2Cxor0X30xor0X30xor

0X2Cxor0X30xor0X30

得到的结果就是0X4C,用ASCII表示就是4C。

了解了NMEA－0183协议,就可以编写单片机代码,解析NMEA－0183数据,从而得到GPS/北斗定位的各种信息了。

2.8.5 GPS/北斗传感器的数据采集

1.采集原理

GPS/北斗传感器是通过串口和单片机通信,所以需要先初始化对应的串口,然后接收并分析GPS模块发送的数据。GPS所输出的定位数据位采用NMEA－0183协议,所以要按照这个协议的格式来接收数据。

2.采集参考代码特性参数

ATK－S1216F8－BD GPS/北斗模块是一款高性能GPS/北斗双模定位模块,传感器特性见表2.19。

表2.19 传感器特性

项目	说明
接口特性	TTL,兼容3.3 V/5 V单片机系统
接收特性	167通道,支持QZSS、WAAS、MSAS、EGNOS、GAGAN
定位精度	以2.5 m为半径的圆,有50%概率打进圆内
更新速率	1 Hz/2 Hz/4 Hz/5 Hz/8 Hz/10 Hz/20 Hz
捕获时间	冷启动:29 s(最快) 温启动:27 s 热启动:1 s
冷启动灵敏度	－148 dBm
捕获追踪灵敏度	－165 dBm
通信协议	NMEA－0183 V3.01,SkyTraq binary
串口通信波特率	4 800 bit/s、9 600 bit/s、19 200 bit/s、38 400 bit/s(默认)、57 600 bit/s、115 200 bit/s、230 400 bit/s
工作温度	－40° ~ 85°
模块尺寸	25 mm × 27 mm

注:模块的TXD和RXD脚内部接了120 Ω电阻,做输出电平兼容处理,所以在使用时要注意导线电阻不可过大(尤其是接USB转TTL串口模块时,如果模块的TXD、RXD上带了LED,就会有问题),否则可能导致通信不正常。

3.通信协议

ATK－S1216F8－BD GPS/北斗模块与外部设备的通信接口采用UART(串口)方式,输出的GPS/北斗定位数据采用NMEA－0183协议(默认),控制协议为SkyTraq协议,通信协议图如图2.23所示。

模块与单片机连接最少只需要4根线即可,即VCC、GND、TXD、RXD。其中,VCC和GND用于给模块供电,模块TXD和RXD则连接单片机的RXD和TXD即可。模块兼容

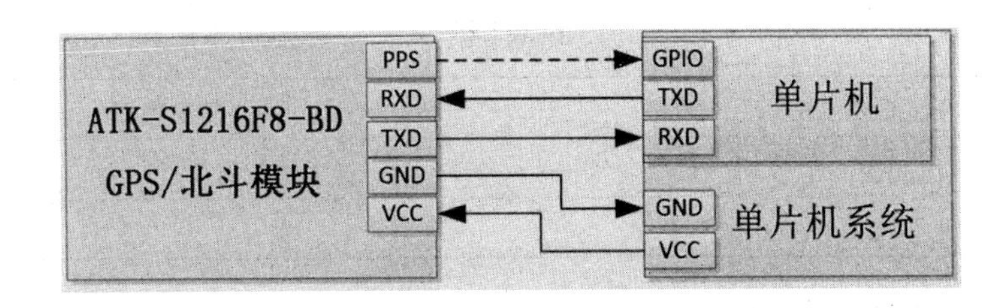

图 2.23 通信协议图

5 V 和 3.3 V 单片机系统,所以能很方便地连接到系统。

PPS 与单片机 GPIO(通用 I/O 口) 的连接不是必须的,模块的 TXD 和 RXD 脚是 TTL 电平,不能直接连接到电脑的 RS232 串口上,必须经过电平转换芯片(MAX232 之类) 做电平转换后,才能与之连接。

2.8.6 实验内容及步骤

1.实验准备

(1) 放置有关实验模块。

在关闭系统电源的情况下,按要求放置下列实验模块(已放置的可跳过该步骤):

①GPS 模块;

②GPS/ 北斗传感器;

③LoRa 模块。

更换模块需要专用工具,为便于管理,该步骤可由老师在课前完成。

(2) 加电。

打开系统电源开关,通过液晶显示和模块运行指示灯状态,观察实验箱加电是否正常。若加电状态不正常,请立即关闭电源,查找异常原因。

(3) 选择实验内容。

在液晶上根据功能菜单选择基础实验项目 → GPS,进入 GPS 实验页面。

2.实验数据观测

在数据观测页面将会显示传感器返回的实时情况,根据设置,观测页面上将会显示经纬度和北京时间。操作步骤如下。

(1) 模块操作过程。

将惯导传感器插在对应的模块上,连接天线,将天线放置到室外(当天的天气最好是晴天),观察回传的相关数据。

(2) 记录实验数据于表 2.20。

表 2.20 实验数据记录

实验序号	卫星数据

续表2.20

实验序号	卫星数据

2.8.7 实验报告要求

(1) 简述 GPS 和北斗卫星的概述和功能。

(2) 完成实验中的测量并记录下现在所处位置的时间和经纬度。

(3) 尝试自己编写代码,完成对 GPS 模块的使用。

本章参考文献

[1] 甘泉.LoRa 物联网通信技术[M].北京:清华大学出版社,2021.

[2] 房华,彭力.NB - IoT/LoRa 窄带物联网技术[M].北京:机械工业出版社,2021.

[3] 周柏宏,崔亚远,林涛.Zigbee 3.0 轻松入门[M].北京:北京航空航天大学,2021.

[4] 梁文祯,王欢娥,龚兰芳,等.基于 CC2530 的 Zigbee 应用技术项目教程[M].广东:华南理工大学出版社,2019.

[5] 吴建平.传感器原理及应用[M].3 版.北京:机械工业出版社,2016.

[6] 刘少强,张靖.现代传感器技术 —— 面向物联网应用[M].2 版.北京:电子工业出版社,2016.

[7] 朱晓青.传感器与检测技术[M].2 版.北京:清华大学出版社,2020.

[8] 孟立凡,蓝金辉.传感器原理与应用[M].4 版.北京:电子工业出版社,2020.

[9] 王晓飞,梁福平.传感器原理及检测技术[M].3 版.武汉:华中科技大学出版社,2020.

[10] 张华.海洋监测中的无线传感器网络定位覆盖控制[M].上海:上海交通大学出版社,2020.

[11] 李田泽.传感器技术设计与应用[M].北京:海洋出版社,2015

[12] 刘火良,杨森.STM32 库开发实战指南:其于 STM32F103[M].2 版.北京:机械工业出版社,2017.

第3章　海洋通信技术

3.1　水下激光通信实现

3.1.1　水下激光通信实验原理

红外遥控是一种无线、非接触控制技术，具有抗干扰能力强、信息传输可靠、功耗低、成本低、实现容易等显著优点，被诸多电子设备特别是家用电器广泛采用，并越来越多地应用到计算机系统中。由于红外线遥控不具有像无线电遥控那样穿过障碍物去控制被控对象的能力，因此在设计红外线遥控器时，不必像无线电遥控器那样每套（发射器和接收器）要有不同的遥控频率或编码（否则，就会隔墙控制或干扰邻居的家用电器），同类产品的红外线遥控器可以有相同的遥控频率或编码，而不会出现遥控信号“串门”的情况。这给大批量生产及在家用电器上普及红外线遥控提供了极大的方便。由于红外线为不可见光，因此对环境影响很小。红外光波动波长远小于无线电波的波长，所以红外线遥控不会影响其他家用电器，也不会影响临近的无线电设备。红外遥控是利用近红外光进行数据传输的一种控制方式。近红外光波长 0.76 ~ 1.5 μm，红外遥控收发器件波长一般为 0.8 ~0.94 μm。

红外遥控一般由发射和接收两部分组成，发射元件为红外发射管，接收一般采用一体化红外接收头，但发射载波频率与接收头固定频率需一致才能正确接收。在本次实验中，LoRa 的发射端（模拟海洋通信系统模块）将信号经过 38 kHz 载波调制后通过红外发光二极管发射出去，接收端（信号处理与探测信号显示模块）采用红外接收芯片 HS0038 接收和解调数据。

3.1.2　实验目的

（1）了解激光通信的工作原理。

（2）了解激光通信的电路设计。

3.1.3　实验仪器／模块

（1）实验模块。

① 压力模块。

②LoRa 模块。

③ 信号处理与探测信号显示模块。

④ 模拟海洋通信系统模块。

（2）100 MHz 双通道示波器。

(3) 信号连接线。

(4) PC 机(二次开发)。

3.1.4 实验内容及步骤

(1) 放置有关实验模块。

在关闭系统电源的情况下,按要求放置下列实验模块(已放置的可跳过该步骤):

① 压力模块;

②LoRa 模块;

③ 信号处理与探测信号显示模块;

④ 模拟海洋通信系统模块。

更换模块需要专用工具,为便于管理,该步骤可由老师在课前完成。

(2) 加电。

打开系统电源开关,通过液晶显示和模块运行指示灯状态,观察实验箱加电是否正常。若加电状态不正常,请立即关闭电源,查找异常原因。

(3) 功能选择。

在液晶上根据功能菜单选择基础实验项目 → 压力,进入压力实验页面,选择激光传输模式。

(4) 将模拟海洋通信系统模块上的 FCLK 和 FDATE 分别用锚孔线连接到 R38 和 RDATA。

(5) 将信号处理与探测信号显示模块上的 FDIN 用锚孔线连接到红外接收 OUT。

(6) 实验数据观测。

在发送端和接收端的液晶屏上会显示发送和接收数据,通过比较收发数据是否一致来判断通信是否正常。

(7) 实验结束。

关闭电源,并按要求放置好实验附件和实验模块。

3.1.5 实验报告要求

(1) 简述红外收发的工作原理

(2) 画出红外收发的原理图。

(3) 根据实验观测现象,总结实验模块上的红外收发通信速率范围。

(4) 总结红外通信的优缺点。

3.2 水下声波传输实验

3.2.1 声呐原理

声呐是利用水中声波对水下目标进行探测、定位和通信的电子设备,是水声学中应用最广泛、最重要的一种装置。声波是人类迄今为止已知的可以在海水中远程传播的能量形式。声呐（Sonar）一词是第一次世界大战期间产生的，它是由声音（Sound）、导航（Navigation）和测距（Ranging）三个英文单词的字头构成的，是声音导航测距的缩写。它利用声波在水下的传播特性，通过电声转换和信息处理，完成对水下目标进行探测、定位和通信，判断海洋中物体的存在、位置及类型，同时也用于水下信息的传输。

电磁波是空气中传播信息最重要的载体。例如，通信、广播、电视、雷达等都是利用电磁波，但是在水下，它几乎没有用武之地。这是因为海水是一种导电介质，向海洋空间辐射的电磁波会被海水介质本身屏蔽，它的绝大部分能量很快以涡流形式损耗掉了。因此，电磁波在海水中的传播受到严重限制。光波本质上属于更高频率的电磁波，被海水吸收损失的能量更为严重，因此它们在海水中都不能有效地传递信息。实验证实，在人们所熟知的各种辐射信号中，以声波在海水中的传播性能最佳。正因如此，人们利用声波在水下可以相对容易地传播及其在不同介质中传播的性质不同研制出了多种水下测量仪器、侦察工具和武器装备，即各种“声呐”设备。声呐技术不仅在水下军事通信、导航和反潜作战中享有非常重要的地位，而且在和平时期已经成为人类认识、开发和利用海洋的重要手段。声呐技术按工作方式可分为主动声呐和被动声呐两类。

1.主动声呐

主动声呐系统一般是由发射机、换能器（水听器）、接收机、显示器和控制器等几个部件组成的。发射机用于产生需要的电信号，以便激励换能器将电信号转变为声信号向水中发射，水声信号若遇到水下目标便会被反射，然后以声呐回波的形式返回到换能器（水听器），换能器（水听器）接收到后又将其转变为电信号，电信号经接收机放大和各种处理，再将处理结果反馈至控制器或显示系统，最后根据这些处理的信息测出目标的位置，判断出目标的性质等，最后在显示器显示从而完成声呐的使命。日常的海洋探测多利用主动声呐进行作业，其主要由声呐基阵、收发转换器、接收机、指示器、发射器、定时中心及控制同步设备等七个部分组成。

2.被动声呐

被动声呐技术是指声呐被动接收舰船等水中目标产生的辐射噪声和水声设备发射的信号，以测定目标的方位和距离。它由简单的水听器演变而来，收听目标发出的噪声，判断出目标的位置和某些特性，系统的核心部件是用来测听目标声波的水听器。由于被动声波技术在海水中只是单程传播，因此其特别适用于不能发声暴露自己而又要探测敌舰活动的潜艇。

根据水声学的研究，人们发现用低频声波传递信号，对于远距离目标的定位和检测有着明显的优越性，因为低频声波在海水中传播时，被海水吸收的数值比高频声波要低，故能比高频声波传播更远的距离，这对增大探测距离非常有益。

（1）发射电路（图3.1）。ARM（STM32F407）处理器将待发送的数据通过SPI接口发送给FPGA，由FPGA完成信号的数字调制，调制载波频率为35 kHz，调制后将信号通过AM调制方式直接送入声呐发送的驱动电路，通过运算放大器3U8调理后，通过声呐接头（CON3）发送出去。

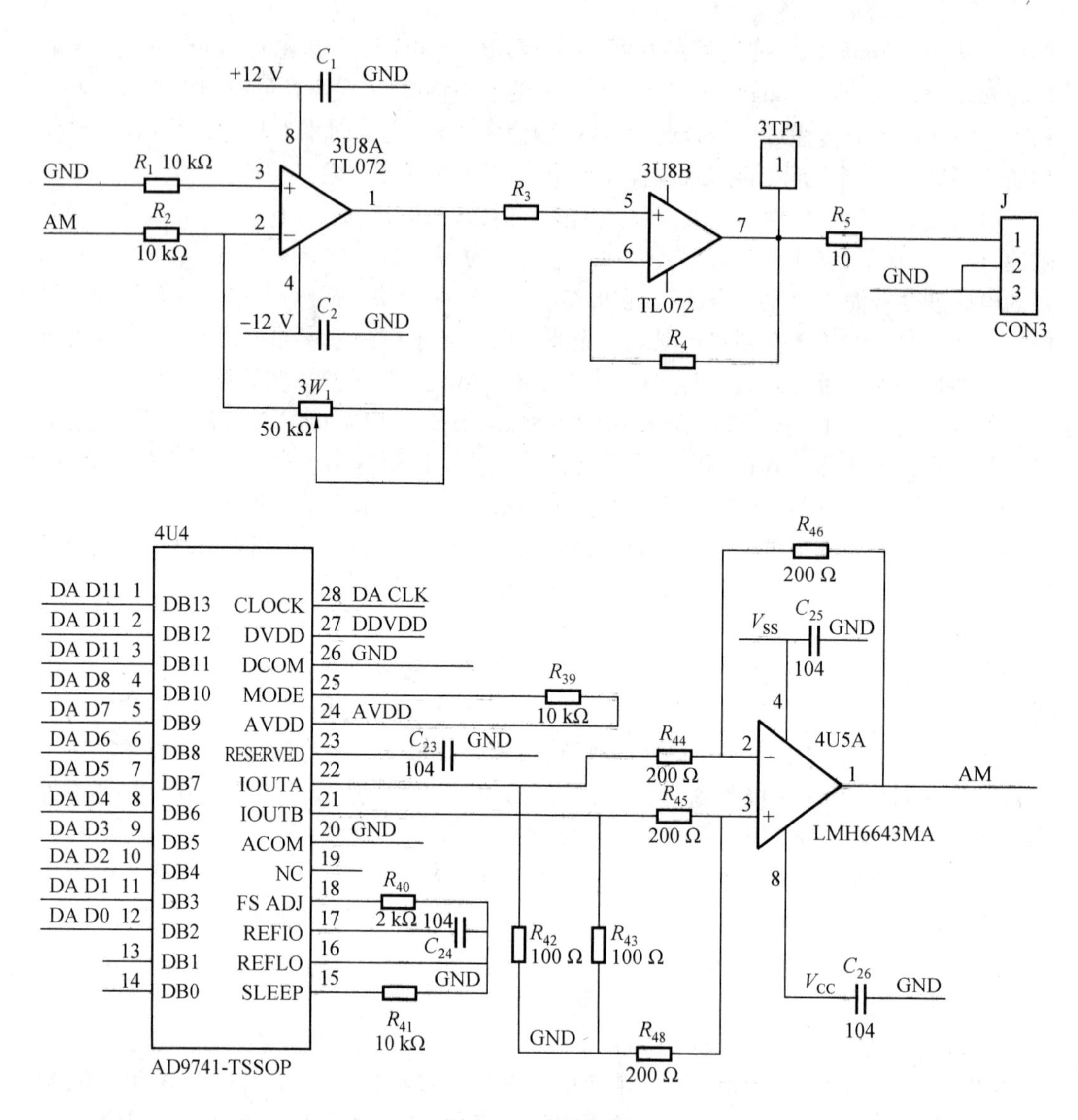

图 3.1 声呐发射

（2）接收电路（图 3.2）。声呐（CON3）接收到的信号经过运算放大器 5U6 调理电路最后由接头 ACR 输出。将接头 ACR 通过连线连接接头 ADIN，将信号送入 A/D 转换芯片 ADC08200 进行 A/D 转换。A/D 转换后的信号送入 FPGA 中进行数字解调，解调完成后将数字信号使用 SPI 通信接口送入 ARM（STM32F407）处理器，最终由 ARM 处理器完成数据的接收和处理。

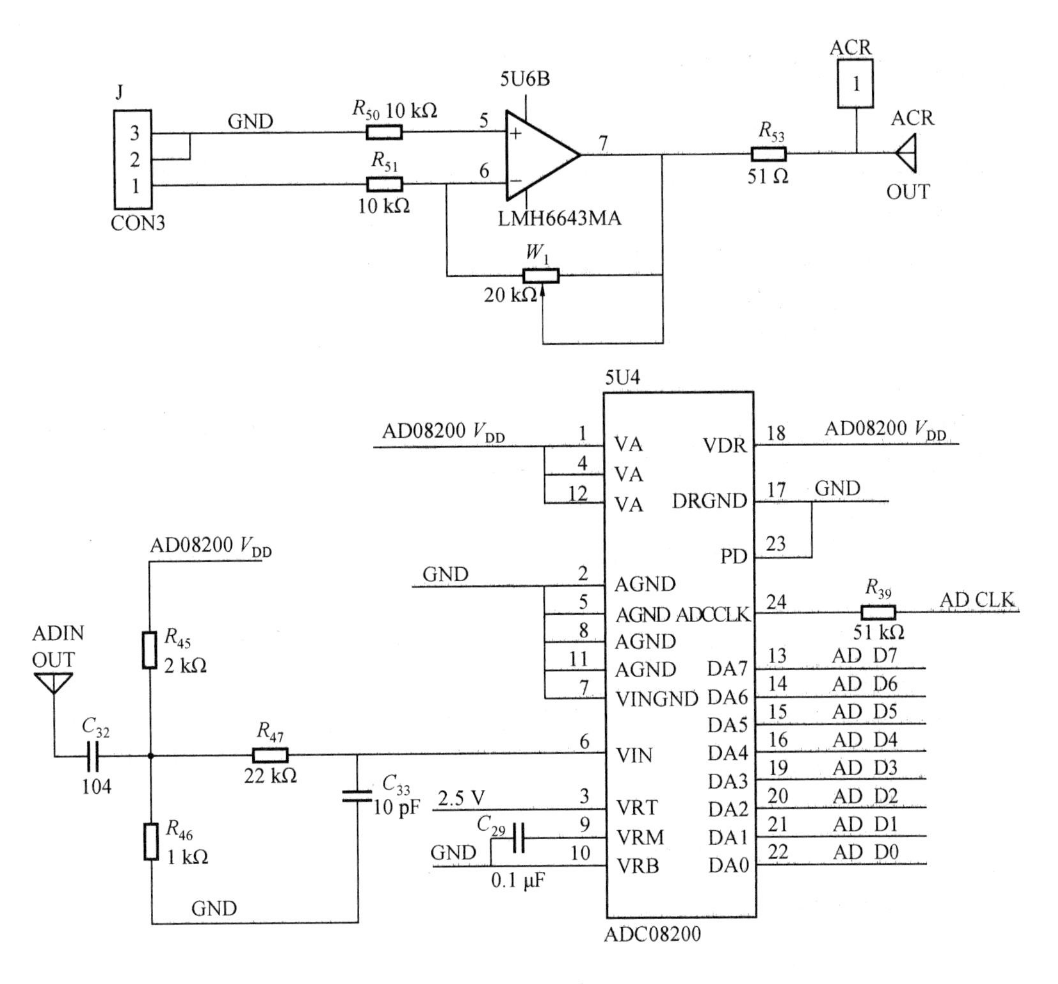

图 3.2 声呐接收

3.2.2 实验目的

(1) 了解激光通信的工作。

(2) 了解激光通信的电路设计。

3.2.3 实验仪器/模块

(1) 实验模块。

① 压力模块。

② 信号处理与探测信号显示模块。

③ 模拟海洋通信系统模块。

(2)100 MHz 双通道示波器。

(3) 信号连接线。

(4)PC 机(二次开发)。

3.2.4 实验内容及步骤

(1) 放置有关实验模块。

在关闭系统电源的情况下,按要求放置下列实验模块(已放置的可跳过该步骤):

① 压力模块;

② 信号处理与探测信号显示模块;

③ 模拟海洋通信系统模块。

更换模块需要专用工具,为便于管理,该步骤可由老师在课前完成。

(2) 加电。

打开系统电源开关,通过液晶显示和模块运行指示灯状态,观察实验箱加电是否正常。若加电状态不正常,请立即关闭电源,查找异常原因。

(3) 功能选择。

在液晶上根据功能菜单选择基础实验项目 → 压力,进入压力实验页面,选择水声传输模式。

(4) 将信号处理与探测信号显示模块上的 FDIN 用锚孔线连接到声呐接收 ACR。

(5) 实验数据观测。

在发送端和接收端的液晶屏上会显示发送和接收数据,通过比较收发数据是否一致来判断通信是否正常。

(6) 实验结束。

关闭电源,并按要求放置好实验附件和实验模块。

3.2.5 实验报告要求

(1) 简述声呐收发的工作原理

(2) 画出声呐收发的原理图。

(3) 根据实验观测现象,总结实验模块上的声呐传输的通信速率范围。

(4) 总结声呐传输的优缺点。

3.3 光导纤维信号传输

3.3.1 光纤的概念

光纤是光学纤维的简称,它是一种横截面很小的可绕透明长丝,在长距离内具有束缚和传输光的作用。图 3.3 所示为光纤结构示意图。可以看出,一般的光纤都是由纤芯、包层和外套涂敷层三部分组成的。纤芯由高度透明的材料制成;包层的折射率略小于纤芯,从而造成一种光波导效应,使大部分的光波被束缚在纤心中传输;外套涂敷层作为光纤的保护层,用于抵制外界水气的侵蚀和机械的擦伤,同时加强光纤的机械强度,在外套涂敷层外往往加有塑料外套。

为便于工程上的安装和敷设,常将若干根光纤组合成光缆。光缆的结构繁多,我国较

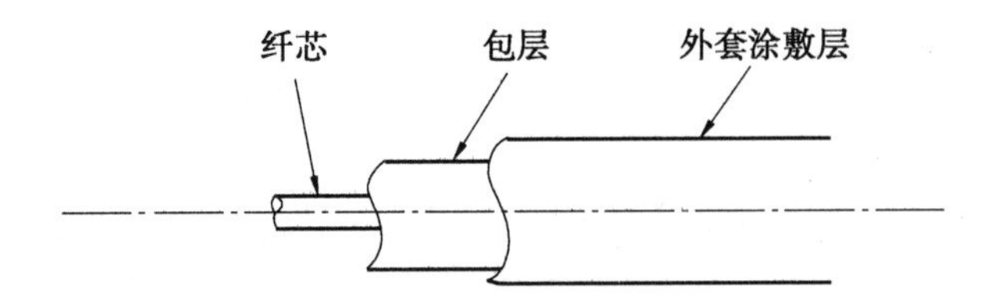

图 3.3 光纤结构示意图

普遍采用层绞式和骨架式两种结构。光缆中的钢质加强芯一方面是为提高其抵抗张力的能力;另一方面由于钢质加强芯的热膨胀系数小于塑料,因此能抵制塑料的伸缩从而使光缆的温度特性有所改善。图 3.4 所示为层绞式光缆结构。

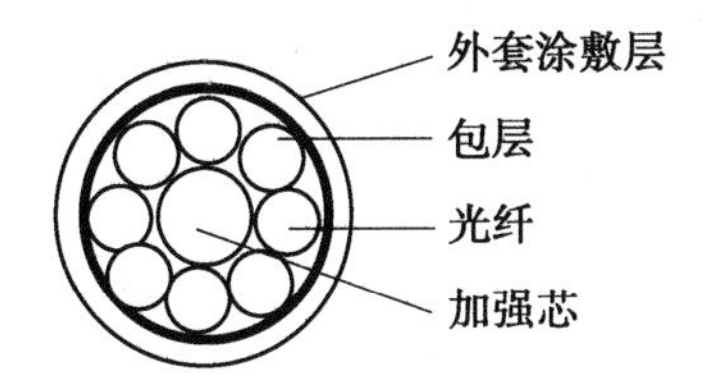

图 3.4 层绞式光缆结构

3.3.2 光纤的分类

光纤有很多种分类方法。按其传输光波的模式的数量来分,有单模光纤与多模光纤两大类。它们的结构不同,因此各具不同的特性与用途。在一定工作波长下,多模光纤是能够传输许多模式的介质波导,而单模光纤只传输基模。

1.多模光纤

用来传输多种模式光波的光纤称为多模光纤,模式的数目取决于芯径、数值孔径(接收角)、折射率分布特性和波长。将单模光纤的纤芯增大,光纤将成为多模光纤。多模光纤的纤芯直径远大于单模光纤,一般为 50 ~ 200 μm。在临界角内,各个模式的入射光波分别以不同角度在光纤内的纤芯与包层的界面处发生全反射而沿光纤传输。

突变型多模光纤的纤芯部分折射率保持不变,而在纤芯与包层的界面折射率发生突变。这种光纤模间群时延时差大,一般传输带宽为 100 MHz · km,常做成大芯径、大数值孔径光纤,提高光源与光纤的耦合效率,适用于短距离、小容量的系统,这种光纤的使用相当广泛。光纤通信实验箱使用到的多模光纤如图 3.5 所示,其颜色是橙色。

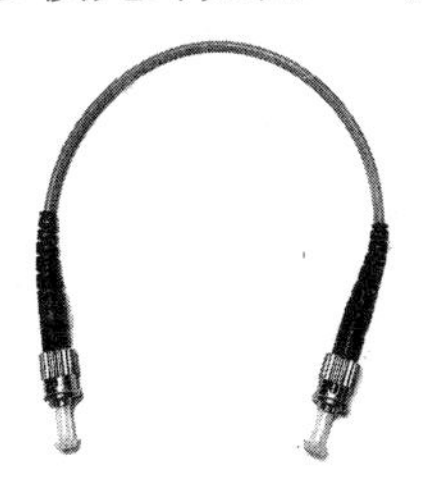

图 3.5 多模光纤

2.单模光纤

用来传输单一基模光波的光纤称为单模光纤,它要求入射光的波长大于光纤的截止波长,单模光纤的纤芯直径很小,一般为 5 ~ 10 μm。单模光纤对于光的传输损耗是最小的,因为光场只在光纤的中心传导。但是由于纤芯直径很小,因此对于光纤与光源的耦合及光纤之间的接续将带来明显的困难。

单模光纤可彻底消除模间色散,在波长为 1.27 μm 时,材料色散趋近于零,或者可以使材料色散与波导色散相抵消。因此,长距离大容量的长途通信干线及跨洋海底光缆线路全部采用单模光纤。由于 1.55 μm 波长时单模光纤的损耗更低,因此人们已研究了使光纤的零色散波长移到 1.55 μm 的技术和使半导体激光器的频谱更窄的技术,以求同时达到最低的损耗及最宽的带宽,从而最大限度地增大中继距离及信息容量。

注:单模光纤是指一种传输模式,本实验系统采用的单模光纤既可以传输1 310 nm 波长也可以传输 1 550 mm 波长。当然,有特定的单模光纤是只能传输一种波长的。

常见的单模光纤如图 3.6 ~ 3.8 所示。

图 3.6　ST 型单模光纤(黄色)

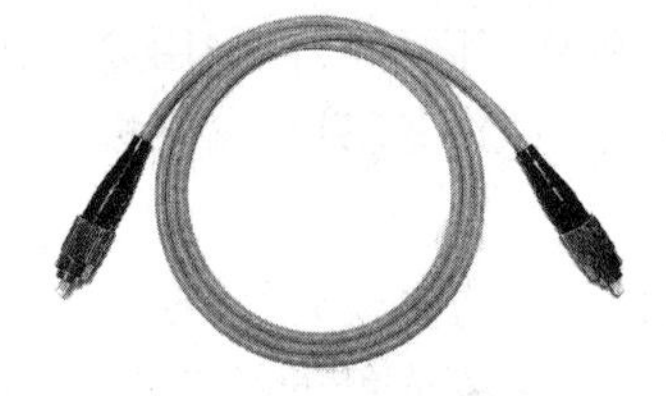

图 3.7　FC 型单模光纤(黄色)

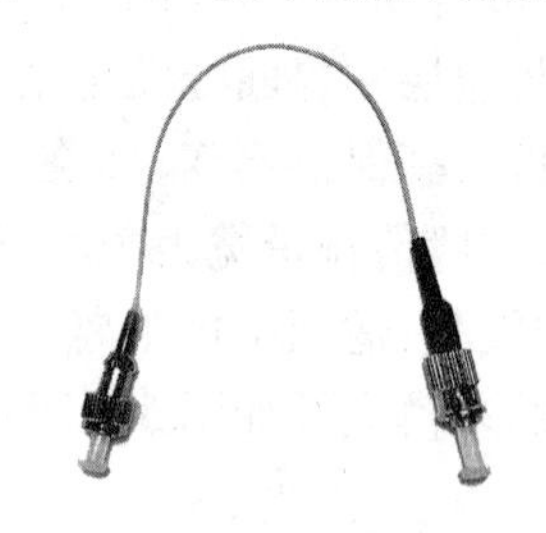

图 3.8　FC - ST 型单模光纤(黄色或白色)

3.识别单模光纤与多模光纤的方法

(1) 从光纤的产品规格代号中去了解。例如,我国光纤光缆型号的规格代号的第二部分用 J 代表多模渐变型光纤,用 T 代表多模阶跃型光纤,用 Z 代表多模准阶跃型光纤,用 D 代表单模光纤。

(2) 从光纤的纤芯直径去识别。单模光纤的芯径很细,通常芯径小于 10 μm;多模光纤的芯径比单模光纤大几倍。

(3) 光纤外套的颜色上识别。通常黄色和白色表示单模光纤,橙色表示多模光纤。

本实验系统配置的光纤外套是黄色的和白色的为单模。

4.**尾纤波长的测试**

光纤线路的两端一般是通过一段短光纤把线路与光端机连接起来的。这一段短光纤长度为 3 m、5 m 或 10 m。因其位置处于光纤线路的尾部,故常称为尾纤。

尾纤的传输特性有工作波长、信号传输模式、带宽与损耗等,这些通常通过光纤光缆的型号标志来识别,也可以用仪表来测试。

每种光纤都有特定的工作波长,当注入光信号的波长等于工作波长时,光纤损耗最小;反之,光纤损耗增大。因此,把不同波长的光信号注入光纤,测量光纤损耗,当光纤损耗最小时,该光信号的波长即尾纤的工作波长。

3.3.3 一般成品光纤的主要参数

1.**光纤的纤芯折射率分布**

纤芯折射率分布一般分为两类,即阶跃型和渐变型。

(1) 阶跃型。

光纤的纤芯折射率高于包层折射率,使得输入的光能在纤芯一包层交界面上不断产生全反射而前进。这种光纤纤芯的折射率是均匀的,包层的折射率稍低一些,光纤中心芯到玻璃包层的折射率是突变的,只有一个台阶,所以称为阶跃型折射率多模光纤,简称阶跃光纤,又称突变光纤。这种光纤的传输模式很多,各种模式的传输路径不一样,经传输后到达终点的时间也不相同,因此产生时延差,使光脉冲受到展宽。这种光纤的模间色散高,传输频带不宽,传输速率不能太高,用于通信不够理想,只适用于短途低速通信,如工控。但由于模间色散很小,因此单模光纤都采用突变型。

(2) 渐变型。

为解决阶跃光纤存在的弊端,人们又研制、开发了渐变折射率多模光纤,简称渐变光纤,其光纤中心芯到玻璃包层的折射率是逐渐变小的,可使高次模的光按正弦形式传播,能减少模间色散,提高光纤带宽,增加传输距离,但成本较高,现在的多模光纤多为渐变型光纤。渐变光纤的包层折射率分布与阶跃光纤一样,是均匀的。渐变光纤的纤芯折射率中心最大,沿纤芯半径方向逐渐减小。由于高次模和低次模的光线分别在不同的折射率层界面上按折射定律产生折射,进入低折射率层中,因此光的行进方向与光纤轴方向所形成的角度将逐渐变小。同样的过程不断发生,直至光在某一折射率层产生全反射,使光改变方向,朝中心较高的折射率层行进。这时,光的行进方向与光纤轴方向所构成的角度在各折射率层中每折射一次,其值就增大一次,最后达到中心折射率最大的地方。在这以后,与上述完全相同的过程不断重复进行,实现了光波的传输。可以看出,光在渐变光纤中会自觉地进行调整,从而最终到达目的地,称为自聚焦。

2.**光纤的尺寸**

一般光纤的外径是125 μm,单模光纤纤芯芯径是9 ~ 10 μm,多模光纤的纤芯芯径是40 ~ 50 μm,同心度偏差 1 ~ 5 μm,这是对于光纤通信所用光纤的尺寸。

3.**光纤的传播损耗**

引起光纤损耗的原因主要有以下四个方面。

（1）光纤的吸收损耗。

光纤的吸收损耗是光纤材料和杂质对光能的吸收而引起的，它们把光能以热能的形式消耗于光纤中，是光纤损耗中重要的损耗。吸收损耗包括以下几种。

① 物质本征吸收损耗。这是物质固有的吸收引起的损耗。它有两个频带：一个在近红外的 8 ~ 12 μm 区域里，这个波段的本征吸收是振动引起的；另一个物质固有吸收带在紫外波段，吸收很强时，它的尾巴会拖到 0.7 ~ 1.1 μm 波段中。

② 掺杂剂和杂质离子引起的吸收损耗。光纤材料中含有跃迁金属如铁、铜、铬等，它们有各自的吸收峰和吸收带并随它们价态不同而不同。由跃迁金属离子吸收引起的光纤损耗取决于它们的浓度。另外，OH^- 存在也产生吸收损耗，OH^- 的基本吸收极峰在 2.7 μm 附近，吸收带在 0.5 ~ 1.0 μm 范围内。对于纯石英光纤，杂质引起的损耗影响可以不考虑。

③ 原子缺陷吸收损耗。光纤材料受热或强烈的辐射会受激而产生原子的缺陷，造成对光的吸收，产生损耗，但一般情况下这种影响很小。

（2）光纤的散射损耗。

光纤内部的散射会减小传输的功率，产生损耗。散射中最重要的是瑞利散射，它是由光纤材料内部的密度和成分变化引起的。光纤材料在加热过程中，由于热骚动，因此原子得到的压缩性不均匀，使物质的密度不均匀，进而使折射率不均匀。这种不均匀在冷却过程中被固定下来，它的尺寸比光波波长要小。光在传输时遇到这些比光波波长小，带有随机起伏的不均匀物质时，改变了传输方向，产生散射，引起损耗。另外，光纤中含有的氧化物浓度不均匀及掺杂不均匀也会引起散射，产生损耗。

（3）波导散射损耗。

波导散射损耗是交界面随机的畸变或粗糙所产生的散射引起的，实际上它是由表面畸变或粗糙所引起的模式转换或模式耦合。一种模式由于交界面的起伏，因此会产生其他传输模式和辐射模式。由于在光纤中传输的各种模式衰减不同，因此在长距离的模式变换过程中，衰减小的模式变成衰减大的模式，连续的变换和反变换后，虽然各模式的损失会平衡起来，但模式总体产生额外的损耗。也就是说，由于模式的转换产生了附加损耗，因此这种附加的损耗就是波导散射损耗。要降低这种损耗，就要提高光纤制造工艺。对于拉得好或质量高的光纤，基本上可以忽略这种损耗。

（4）光纤弯曲产生的辐射损耗。

光纤是柔软的，可以弯曲，但弯曲到一定程度后，光纤虽然可以导光，但会使光的传输途径改变，由传输模转换为辐射模，使一部分光能渗透到包层中或穿过包层成为辐射模向外泄漏损失掉，从而产生损耗。当弯曲半径大于 5 ~ 10 cm 时，由弯曲造成的损耗可以忽略不计。

4.数值孔径

入射光纤端面的光并不能全部被光纤传输，只是在某个角度范围内的入射光才可以。这个角度称为光纤的数值孔径。数值孔径是描述光纤受光程度的参数，通常用光从空气入射到纤芯允许的最大入射角的正弦值来描述。

5.带宽

带宽是光纤的一个重要参数,它使渐变型光纤像一个低通滤波器一样,对光发射机的功率调制产生影响。它使光纤的传输函数的大小随调制频率升高而减小,而在整个频谱内的相关相位失真保持很小。为计算方便,这种频响可以近似为一个等效的高斯低通滤波器,最高带宽仅可能在某一个波长上发生,对于其他波长,带宽将减小。由于带宽是波长的函数,因此其低通滤波器的截止频率与玻璃组成材料及剖面折射率分布有关。

6.有效截止波长

有效截止波长是描述单模光纤的一个重要参数,它表明在单模光纤的波长域中仅可以传播的模。所谓截止波长,是指基模。

测量有效截止波长的方法有多种,一般采用挠曲法。在这种方法中,首先将一段光纤在直线状态下测量一下损耗,然后在弯曲状态下测量损耗,这样可以推算出因弯曲而增加的衰耗。

当工作频率低于这个截止波长所对应的频率时,规定的传播模不能存在,大于截止波长的相应频率光进入包层区域被损耗掉。这个名词是从以前波导理论研究中借用来的。

7.模场直径

模场直径是单模光纤的另一重要参数,又称光点尺寸。在单模光纤中主要传送的是基模,而模场直径与基模光斑的大小有关,它以基模场强减少到 1/e 处的宽度来定标,表征入纤的光功率分布。

3.3.4 光纤传输系统

光纤传输系统如图 3.9 所示,一般由三部分组成:光信号发送端、用于传送光信号的光纤和光信号接收端。光信号发送端的功能是将待传输的电信号经电光转换器件转换为光信号,光纤的功能是将发送端光信号以尽可能小的衰减和失真传送到光信号接收端。目前光纤一般采用在近红外波段 0.84 μm、1.31 μm、1.55 μm 有良好透过率的多模或单模石英光纤。光信号接收端的功能是将光信号经光电转换器件还原为相应的电信号,光电转换器件一般采用半导体光电二极管或雪崩光电二极管。组成光纤传输系统光源的发光波长必须与传输光纤呈现低损耗窗口的波段和光电检测器件的峰值响应波段匹配。

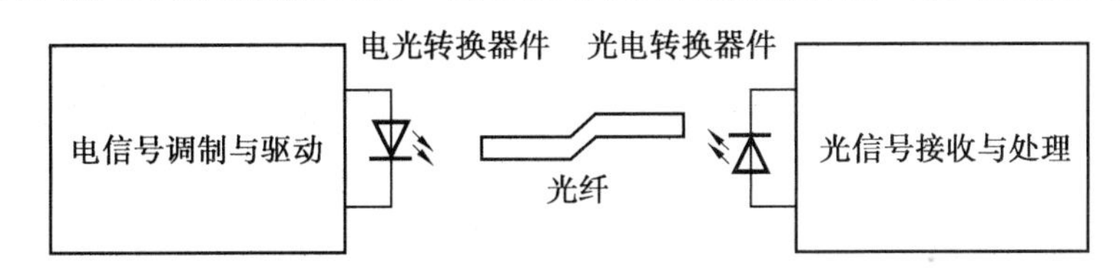

图 3.9 光纤传输系统

1.光信号发送端的工作原理

系统采用的发光二极管驱动和调制电路如图 3.10 所示,信号调制采用光强度调制的方法,发送光强度调节电位器用以调节流过 LED 的静态驱动电流,从而相应改变发光二极管的发射光功率。

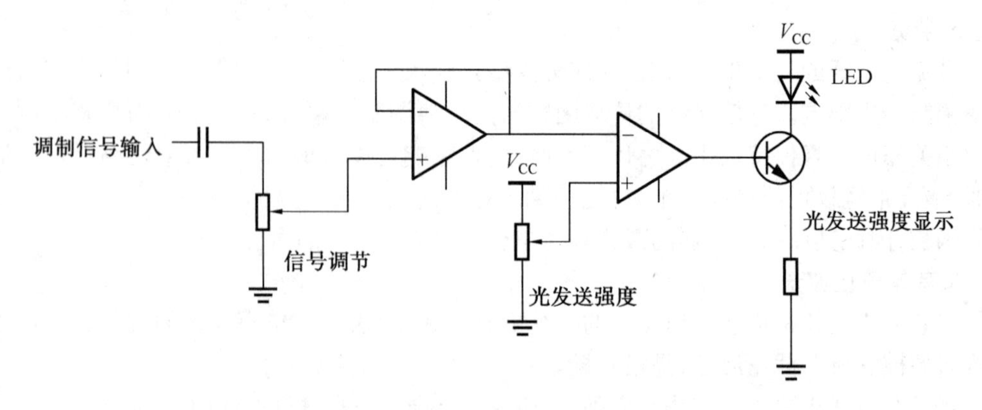

图 3.10 发光二极管驱动和调制电路

2.光信号接收端的工作原理

图 3.11 所示为是光信号接收端的工作原理图,传输光纤把从发送端发出的光信号通过光纤耦合器将光信号耦合到光电转换器件光电二极管,光电二极管把光信号转变为与之成正比的电流信号。光电二极管使用时应反偏压,经运放的电流电压转换把光电流信号转换成与之成正比的电压信号。光电二极管的频响一般较高,系统的高频响应主要取决于运放等的响应频率。

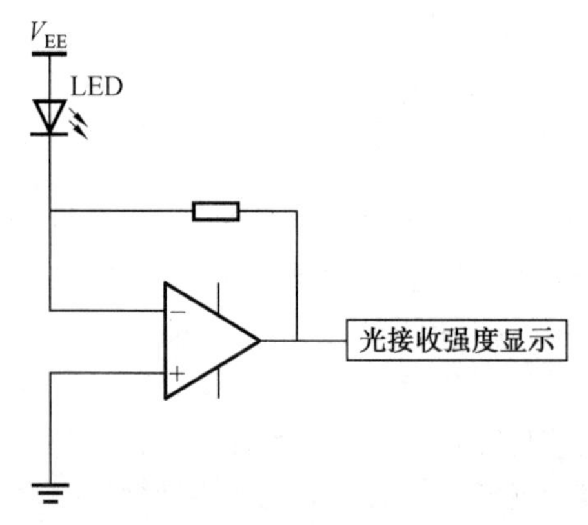

图 3.11 光信号接收端的工作原理图

3.传输光纤的工作原理

目前用于光通信的光纤一般采用石英光纤,它是在折射率 n_2 较大的纤芯内部覆上一层折射率 n_1 较小的包层,光在纤芯与包层的界面上发生全发射而被限制在纤芯内传播。石英光纤的主要技术指标有衰减特性、数值孔经和色散等。

3.3.5 实验目的

(1) 学习光纤信号传输系统的基本结构及各部件选配原则。

(2) 熟悉光纤传输系统中电光/光电转换器件的基本性能。

(3) 训练如何在光纤传输系统中获得较好的信号传输质量。

3.3.6 实验仪器/模块

(1) 实验模块。

① 光纤模块。

② 信号处理与探测信号显示模块。

③ 模拟海洋通信系统模块。

(2) 100 MHz 双通道示波器。

(3) 信号连接线。

(4) PC 机(二次开发)。

3.3.7 实验内容及步骤

1.光纤传输系统静态电光/光电传输特性测定

分别打开光发送端电源和光接收端电源,面板上两个四位半数字表头分别显示发送光驱动强度和接收光强度。调节发送光强度电位器,每隔100单位(相当于改变发光管驱动电流1 mA)分别记录发送光驱动强度数据与接收光强度数据,在坐标纸上绘制静态电光/光电传输特性曲线。

2.光纤传输系统频响的测定

将在调制信号输入接口上从信号发生器输入正弦波,将双踪示波器的通道1和通道2分别接到输入正弦信号和信号接收端,保持输入信号的幅度不变,调节信号发生器频率,记录信号变化时输出端信号幅度的变化,分别测定系统的底频和高频截止频率。

3.LED 偏置电流与无失真最大信号调制幅度关系测定

将从信号发生器输入的正弦波频率设定在1 kHz,输入信号幅度调节电位器置于最大位置,然后在LED偏置电流为5 mA、10 mA两种情况下调节信号源输出幅度,使其从零开始增加,同时在接收端信号输出处观察波型变化,直到波型出现截止现象时,记录下电压波形的峰-峰值,由此确定LED在不同偏置电流下光功率的最大调制幅度。

4.多种波型光纤传输实验

将输入选择开关打到“外”,在音频信号输入接口上分别从函数信号发生器输入方波信号和三角波信号,将双踪示波器的通道1和通道2分别接到发送端示波器接口和接收端音频信号输出接口,保持输入信号的幅度不变,调节函数信号发生器输出频率,从接收端通过示波器观察输出波形变化情况,记录输入信号频率变化时输出信号幅度的变化,分别测定系统的低频和高频截止频率。

在数字光纤传输系统中往往采用方波来传输数字信号。

5.音频信号光纤传输实验

将输入选择打到“内”,按下内音频信号触发按钮,通过调节发送光强度电位器改变发送端LED的静态偏置电流,收听在接收端发出的语音片音乐声,考查当LED的静态偏置电流小于多少时,音频传输信号产生明显失真,分析原因,并同时通过示波器观察分析语音信号波形变化情况。

3.3.8 实验报告要求

(1) 简述光纤收发的工作原理。
(2) 画出光纤收发的原理图。
(3) 根据实验观测现象,总结实验模块上的光纤传输的通信速率范围。
(4) 总结光纤传输的优缺点。

3.4 射频信号传输

3.4.1 射频传输原理

射频(RF) 专指具有一定波长的可用于无线电通信的电磁波。电磁波可由其频率表述为 kHz(千赫)、MHz(兆赫) 及 GHz(千兆赫),其频率范围为 VLF(极低频,即 10 ~ 30 kHz) 至 EHF(极高频,即 30 ~ 300 GHz)。射频识别技术(RFID) 是一项易于操控、简单实用且特别适合用于自动化控制的灵活性应用技术,其所具备的独特优越性是其他识别技术无法企及的。它既可以支持只读工作模式,也可以支持读写工作模式,且无须接触或瞄准,可自由工作在各种恶劣环境下,可进行高度的数据集成。另外,由于该技术很难被仿冒、侵入,因此 RFID 具备了极高的安全防护能力。

从概念上来讲,RFID 类似于条码扫描,对于条码技术而言,它是将已编码的条形码附着于目标物并使用专用的扫描读写器利用光信号将信息由条形磁传送到扫描读写器;而 RFID 则使用专用的 RFID 读写器及专门的可附着于目标物的 RFID 单元,利用 RF 信号将信息由 RFID 单元传送至 RFID 读写器。RFID 单元中载有关于目标物的各类相关信息,如该目标物的名称、目标物运输起始终止地点和中转地点,以及目标物经过某一地的具体时间等,还可以载入诸如温度等指标。RFID 单元如标签、卡等可灵活附着于从车辆到载货底盘的各类物品。RFID 技术所使用的电波频率为 50 kHz ~ 5.8 GHz,一个最基本的 RFID 系统一般包括以下几个部分。

① 一个载有目标物相关信息的 RFID 单元(应答机或卡、标签等)。

② 在读写器及 RFID 单元间传输 RF 信号的天线。

③ 一个产生 RF 信号的 RF 收发器(RF Transceiver)。

④ 一个接收从 RFID 单元上返回的 RF 信号并将解码的数据传输到主机系统以供处理的读写器。

⑤ 天线、读写器、收发器及主机可局部或全部集成为一个整体,或集成为少数的部件。不同制造商有各自不同的集成方法。

3.4.2 实验内容

(1) 收发系统传输实验(射频发射、接收系统分析实验)。
(2) 射频模块测量实验。
(3) 射频模块仿真设计实验。

(4) 射频模块制作及替换验证实验。

3.4.3 实验仪器/模块

(1) 实验模块。

① 射频模块。

② 信号处理与探测信号显示模块。

③ 模拟海洋通信系统模块。

(2) 100 MHz 双通道示波器。

(3) 信号连接线。

(4) PC 机(二次开发)。

3.4.4 实验内容及步骤

(1) 按矢量网络分析仪【复位】键,仪器复位。

(2) 修正矢量网络分析仪输入功率。按【扫描设置】→【功率】→【功率电平】→【-20 dBm】。

设置端口 1 输出功率为 -20 dBm,关闭【耦合】。

由于矢网内部衰减器不变,因此为保证低噪放处于小信号放大,校准前在端口 1 加接 50 ~ 60 dBm 固定衰减。

(3) 根据低噪放测试需要,首先进行矢量网络分析仪的校准,校准方法同滤波器测试。

(4) 按"返回"键。

(5)"测量"选择 S21。

(6) 将低噪放模块接入测试电缆间,矢量网络分析仪屏幕显示频响曲线并记录。

(7) 加接滤波器模块,观测频响曲线并记录。

3.4.5 实验报告要求

(1) 简述射频收发的工作原理。

(2) 画出射频收发的原理图。

(3) 根据实验观测现象,总结实验模块上的射频传输的通信速率范围。

(4) 总结射频传输的优缺点。

3.5 基带信号传输编码

水声通信水下通信非常困难,这主要是因为通道的多径效应、时变效应、可用频宽窄、信号衰减严重,特别是在长距离传输中。水下通信相比于有线通信来说速率非常低,因为水下通信采用的是声波而非无线电波。常见的水声通信方法是采用扩频通信技术,如 CDMA 等。

3.5.1 QPSK

1.调制原理

正交相移键控(Quadrature Phase Shift Keying,QPSK)是一种数字调制方式。QPSK是一种四进制相位调制,具有良好的抗噪特性和频带利用率。QPSK利用载波的四种不同相位来表征数字信息。由于每一种载波相位代表2 bit信息,因此每个四进制码元又称双比特码元。把组成双比特码元的前一信息比特用字符a代表,后一信息比特用字符b代表。双比特码元中两个信息比特ab通常是按格雷码排列的,双比特码元与载波相位关系表见表3.1,其相位关系图如图3.12所示。图3.12(a)表示A方式时QPSK信号矢量图,图3.12(b)表示B方式时QPSK信号的矢量图。由于正弦和余弦的互补特性,因此对于载波相位的四种取值:在A方式中为45°、135°、225°、315°,则数据、通过处理后输出的成形波形幅度有0或1两种取值;在B方式中为0°、90°、180°、270°,则数据、通过处理后输出的成形波形幅度有三种取值,即 ±1、0。

表3.1 双比特码元与载波相位关系表

双比特码元		载波相位	
a	b	A方式	B方式
0	0	225°	0°
1	0	315°	90°
1	1	45°	180°
0	1	135°	270°

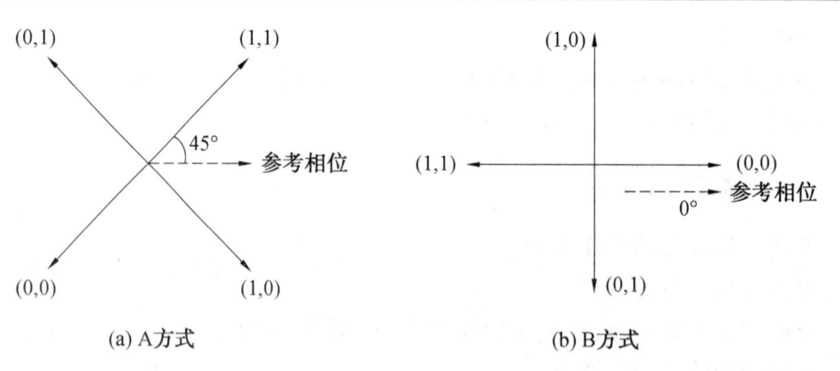

图3.12 双比特码元与载波相位关系图

2.QPSK解调原理

由于QPSK可以看作两个正交2PSK信号的合成,因此它可以采用与2PSK信号类似的解调方法进行解调,即由两个2PSK信号相干解调器构成。QPSK解调原理框图如图3.13所示。

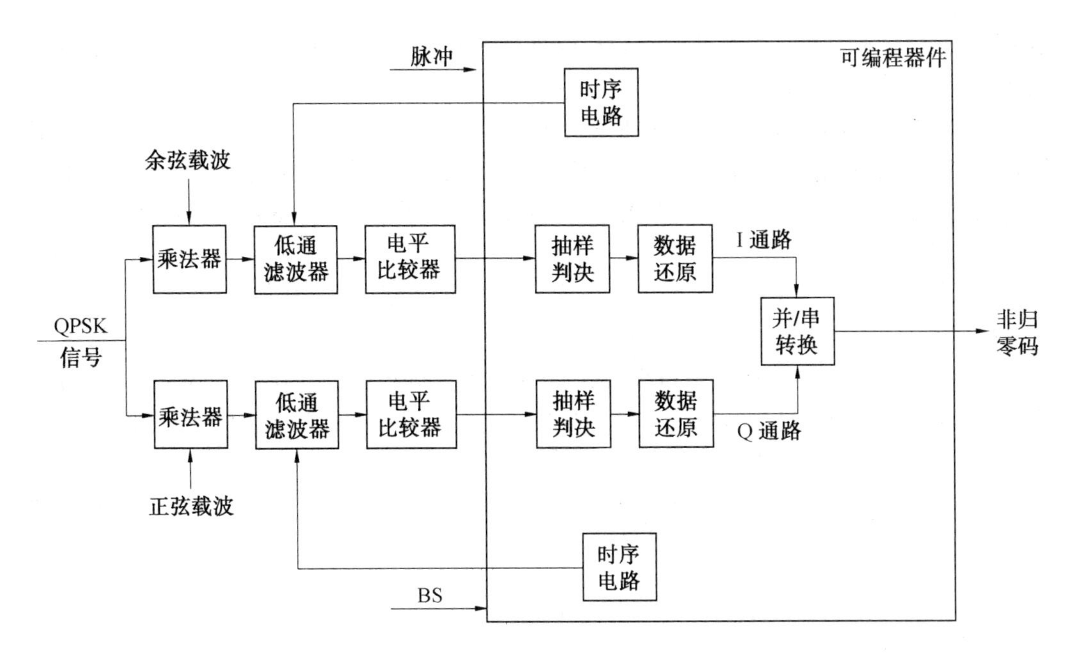

图 3.13 QPSK 解调原理框图

3.5.2 HDB3

三阶高密度双极性码(High Density Bipolar of Order 3 Code,HDB3码)是一种适用于基带传输的编码方式,它是为克服 AMI 码的缺点而出现的,具有能量分散、抗破坏性强等特点。

1.编码规则

(1) 连 0 的个数不超过 3 时,规则与 AMI 相同,即 0 不变,1 变为 - 1、+ 1 交替。

(2) 若连 0 的个数超过 3,则将每 4 个 0 看作一小节,定义为 B00V,B 可以是 - 1、0、+ 1,V 可以是 - 1、+ 1。

(3)B 和 V 具体值满足以下条件:V 和前面相邻非 0 符号极性相同;不看 V 时极性交替;V 与 V 之间极性交替。

(4) 一般第一个 B 取 0,第一个非 0 符取 - 1。

(5) 在V与V之间如果出现偶数个B时,应在后一个V字节补一个B′,定义为B′00V,B′ 与前面相邻的 B 之间符号极性相反,这个字节的 V 和 B′ 符号极性相同。

2.HDB3 特点

(1) 由 HDB3 码确定的基带信号无直流分量,且只有很小的低频分量。

(2)HDB3 中连 0 串的数目至多为 3 个,易于提取定时信号。

(3) 编码规则复杂,但译码较简单。

3.5.3 DPSK

DPSK 是差分相移键控,指利用调制信号前后码元之间载波相对相位的变化来传递信息。现假设用 φ 表示本码元初相与前一码元初相之差,并规定 $\varphi = 0$ 表示0码,$\varphi = \pi$ 表示1码。若2PSK信号是用载波的不同相位直接去表示相应的数字信号而得出的,则在接收端只能采用相干解调。

在这种绝对移相方式中,发送端是采用某一个相位作为基准,所以在系统接收端也必须采用相同的基准相位。如果基准相位发生变化,则在接收端回复的信号将与发送的数字信息完全相反。因此,在实际过程中一般不采用绝对移相方式,而采用相对移相方式。

3.5.4 ASK

1.原理

二进制幅移键控(2ASK)是指高频载波的幅度受调制信号的控制,而频率和相位保持不变,也就是说用二进制数字信号的“1”和“0”控制载波的通和断,所以又称通－断键控 OOK(On－Off Keying)。

一个二进制幅移键控信号可以表示成一个单极性矩形脉冲序列与一个正弦载波相乘:

$$S_{2\mathrm{ASK}}(t)=S(t)\cos\omega_c t=\left|\sum a_n g(t-nT_s)\right|\times\cos\omega_c t \tag{3.1}$$

2.产生方式

2ASK信号的产生方法有以下两种。

(1)图3.14(a)所示为通过二进制基带信号序列与载波直接相乘而产生2ASK信号的模拟调制法。

(2)图3.14(b)所示为一种键控法,这里的电子开关受调制信号的控制。

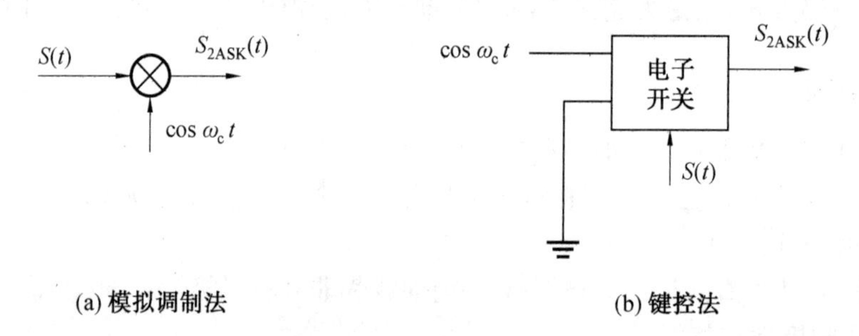

图3.14 2ASK信号的产生方法

信号的解调:2ASK信号的解调可以采用非相干解调(包络检波)和相干解调两种方式来实现。

3.5.5 FSK

数字频率调制又称频移键控(Frequency Shift Keying),二进制频键控记作2FSK。数字频移键控是用载波的频率来传送数字消息,即用所传送数字消息控制载波的频率。2FSK信号便是符号“1”对应于载频f_1,而符号“0对于载频f_2的已调波形,f_1、f_2之间的改变是瞬间完成的,2FSK键控法利用受矩形脉冲序列控制的开关电路对两个不同的独立频源进行选通,键控法的特点是转换速度快、波形好、稳定度高且易于实现,因此该方法应用广泛。

本章参考文献

[1] 戚肖克.水声通信原理与技术[M].北京:清华大学出版社,2021.

[2] 张歆,张小蓟.水声通信理论与应用[M].西安:西北工业大学出版社,2012.

[3] 程洪玮,佟首峰,张鹏,等.卫星激光通信总体技术[M].北京:科学出版社,2020.

[4] 荷马提.近地激光通信[M].佟首峰,刘云清,娄岩,译.北京:国防工业出版社,2017.

[5] 朱立东,吴廷勇,卓永宁.卫星通信导论[M].4 版.北京:电子工业出版社,2015.

[6] 夏克文.卫星通信[M].西安:西安电子科技大学出版社,2019.

[7] 韩一石,强则煊,许国良,等.现代光纤通信技术[M].2 版.北京:科学出版社,2015.

[8] 满文庆.光纤通信[M].北京:电子工业出版社,2021.

[9] 房少军,王钟葆.数字微波通信[M].大连:大连海事大学出版社,2018.

[10] 徐军.微波通信专业学位综合实验[M].成都:电子科技大学出版社,2014.

[11] 樊昌信,曹丽娜.通信原理[M].7 版.北京:国防工业出版社,2012.

第4章　数据处理技术

4.1　基于ARM平台设计开发

4.1.1　实验目的

（1）熟悉STM32F407和STM32F103芯片的使用。

（2）结合内部和外部资源，熟练掌握ARM的编程应用。

（3）实验模块。

① 信号处理与探测信号显示模块。

② 模拟海洋通信系统模块。

③pH值模块。

④ 盐度模块。

⑤ 惯导模电。

⑥LoRa模块。

⑦ 水深水压模块。

⑧ 风力模块。

⑨ 雨量模块。

⑩GPS模块。

⑪ 激光雷达模块。

⑫ 图像模块。

⑬ 激光测距模块。

（4）J - Link仿真器（二次开发）。

4.1.2　实验原理

海洋通信系统实验平台包含两种ARM芯片，分别为STM32F407VET6和STM32F103C8T6。ARM芯片在各模块中分布情况见表4.1，各模块上与ARM可连接资源分布见表4.2，信号处理与探测信号显示模块上的DSP模块中与ARM可连接资源见表4.3。

表4.1　ARM芯片在各模块中分布情况

模块	STM32F407VET6	STM32F103C8T6
模拟海洋通信系统模块	√	×
信号处理与探测信号显示模块	√	×

续表4.1

模块	STM32F407VET6	STM32F103C8T6
图像模块	√	×
pH 值模块	×	√
盐度模块	×	√
水深水压模块	×	√
风力模块	×	√
雨量模块	×	√
GPS 模块	×	√
惯导模块	×	√
激光测距模块	×	√
激光雷达模块	×	√

表 4.2 各模块上与 ARM 可连接资源分布

模块	与 ARM 可以连接的资源
模拟海洋通信系统模块	4.3 in(英寸,1 in = 2.54 cm) 触摸屏、LoRa 模块、旋转开关、FPGA、LED 灯、射频发射、红外发送端、光纤发送端、
信号处理与探测信号显示模块	7 in 触摸屏、w5500、旋转开关、微波接收、FPGA、红外接收端、光纤接收端
图像模块	LoRa 模块、OV2640
pH 值模块	LoRa 模块、pH 电极
盐度模块	LoRa 模块、电导电极
水深水压模块	LoRa 模块、B30 水压传感器
风力模块	LoRa 模块、风力传感器
雨量模块	LoRa 模块、雨量传感器
GPS 模块	LoRa 模块、GPS 模块
惯导模块	LoRa 模块、9 轴惯导模块
激光测距模块	LoRa 模块、激光测距模块
激光雷达模块	LoRa 模块、激光雷达模块

表 4.3 信号处理与探测信号显示模块上的 DSP 模块中与 ARM 可连接资源

模块	与 ARM 可以连接的资源
信号处理与探测信号显示模块上的 DSP 模块	OV2640、w5500、DSP(TMS320C5509)

注意:在海洋通信系统实验平台中,所有的 ARM 旁边都留有 SWIO 下载口。各模块的资源和连接情况以原理图为主。

4.1.3 实验内容及步骤

1.实验准备

(1) 放置有关实验模块。

在关闭系统电源的情况下,按要求放置海洋通信系统实验平台所有模块(已放置的可跳过该步骤)。

更换模块需要专用工具,为便于管理,该步骤可由老师在课前完成。

(2) 加电。

打开系统电源开关,通过液晶显示和模块运行指示灯状态,观察实验箱加电是否正常。若加电状态不正常,请立即关闭电源,查找异常原因。

2.实验数据观测

(1) 编写代码。

打开 keil5,根据模块所在的 ARM 芯片型号和资源分布情况新建工程和编写代码。

(2) 烧写程序。

代码编写完成后,用 USB 线连接 J - Link 仿真器和电脑,并将 J - Link 仿真器分别与各模块所在 STM32 连接,最后下载程序至单片机并调试验证功能是否符合预期。

3.实验结束

实验结束,关闭电源,并按要求放置好实验附件和实验模块。

4.1.4 实验报告要求

(1) 画出实验功能流程图。

(2) 写出实现功能的关键代码。

4.2 DSP 平台设计开发

4.2.1 实验目的

(1) 熟悉 TMS320C5509 芯片的使用。

(2) 结合内部和外部资源,熟练掌握 TMS320C5509 的编程应用。

4.2.2 实验仪器/模块

(1) 信号处理与探测信号显示模块。

(2) DSP 仿真器(二次开发)。

(3) 计算机。

4.2.3　实验原理

1.开发环境简介

CCS 是 TI 公司针对 TMS320 系列 DSP 的集成开发环境,在 Windows 操作系统下,采用图形接口界面,提供环境配置、源文件编辑、程序调试、跟踪和分析等的一种工具。

CCS 有以下两种工作模式。

(1) 软件仿真器模式。

可以脱离 DSP 芯片,在 PC 机上模拟 DSP 的指令集和工作机制,主要用于前期算法实现和调试。

(2) 硬件在线编程模式。

可以实时运行在 DSP 芯片上,与硬件开发板相结合在线编程和调试应用程序。

通用扩展语言(General Extension Language,GEL) 主要用来定制和扩展 CCS 的功能, 自定义和初始化用户调试环境、硬件设置等。实际开发过程中, GEL 文件不是必需的。

GEL 函数(文件) 是一个类似 C 语言的解释性语言,只有 int 类型。 在语法上,GEL 可看作 C 语言的一个子集。 在启动 CCS 后,希望开发环境立刻打开或实现某项功能,可以在项目中装载 GEL 文件(由 TI 提供或用户自行编写) 来实现。

调试中, GEL 文件在 CCS 启动后常驻 PC 内存, CCS 启动后再改变 GEL 文件不会对 DSP 或开发环境产生影响。

CSL(Chip Support Library) 芯片支持库是一个用于配置和控制片上外设的应用程序编程接口(Application Programming Interface,API) ,包括一系列函数、宏和符号的集合。 CSL 是完全独立和可扩展的, 不需要使用 DSP / BIOS(或 SYS/BIOS) 的组件进行操作。 在外围设备中,大多数使用 CSL 配置外设。使用 CSL 的优点包括外围设备易用性、缩短开发时间、可移植性、硬件抽象及设备之间的标准化和兼容性。 调用前需要明确所使用的 CSL 版本是否支持或兼容当前型号的 DSP 芯片。

CSL 可以看作为用户提供外围设备接口的两个基本层级。

(1) 层级 1—— 更抽象的函数级。

该层级提供相当高级的接口和协议。

CSL 为编程片上外围设备提供一个标准协议,包括定义外设配置的数据类型和宏,实现每个外设各种操作的函数。

通过为许多外设提供打开和关闭函数实现基本资源管理,支持多通道的外设。

(2) 层级 2—— 较低的详细硬件寄存器级。

该层级对所有硬件控制寄存器提供直接符号化访问,为所有外设寄存器和寄存器字段创建了一个完整的符号化详细说明。建议开发者使用更高级协议,更少相关特定设备,易于将代码移植到更新版本的 DSP。

CSL 由若干内置模块组成并归档为一个库文件。 每个外设由单个模块覆盖, 而附加模块提供一般的编程支持。这种架构允许以后扩展,方便新外设(新模块) 的加入。

用户使用 CSL 有两个层次访问外设:函数级和寄存器级。所有函数级文件命名为

csl_PER.c，PER是特定外设的占位符。同样，所有寄存器级文件命名为cslr_PER.h。CSL函数级是基于寄存器级CSL实现的。用户可以使用CSL的任何一级建立自己的应用程序。图4.1所示为CSL架构和API之间接口关系。

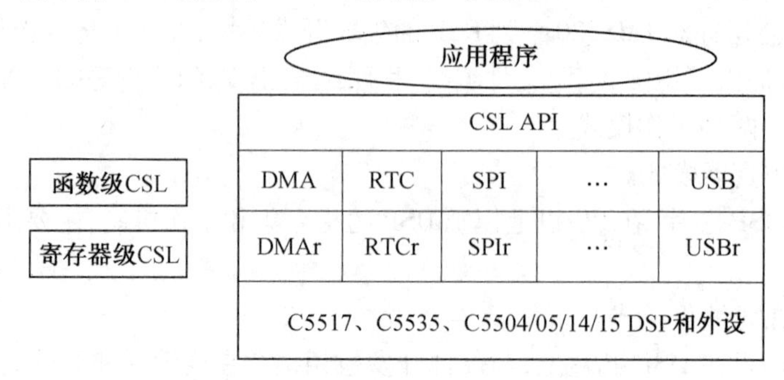

图4.1 CSL架构和API之间接口关系

海洋通信系统实验平台中的信号处理与探测信号显示模块上包含了一块DSP(TMS320C5509)，与其可连接的资源分布见表4.4。

表4.4 与TMS320C5509可连接的资源分布

模块	与TMS320C5509可以连接的资源
信号处理与探测信号显示模块上的DSP模块	HY57V641620、一个外部独立按键、DSP模块上的STM32F407VET6、DSPJTAG下载口

注：各模块的资源和连接情况以原理图为主。

2.常见DSP算法

(1)卷积的DSP实现。

卷积和(简称卷积)是信号处理中常用的算法之一。数字卷积运算通常采用两种方法：线性卷积和圆卷积。为使卷积运算在C55x系列DSP上实现，要对数字卷积的基本概念做深入了解，从根本上掌握卷积原理及它们在DSP上的实现方法。

在通信和信号处理中，常用的运算，如卷积、自相关、滤波和快速傅里叶交换等，都具有较高的密度性和复杂性，而这些运算中所用到的最基本的是乘法-累加运算。C55x的硬件及软件设计使其具有快速的乘法-累加运算功能，并具有丰富的软件资源为这些算法的实施提供有利的条件。

对于离散系统，卷积和也是求线性时不变系统输出响应(零状态响应)的主要方法。

对公式$Y(n)=\sum X(m)h(n_m)=X(n)*h(n)(m=-\infty)$卷积和的运算在图形表示上可分为以下四步。

① 翻褶。先在变量坐标M上作出$x(m)$和$h(m)$，以$m=0$为对称轴翻褶成$h(-m)$。

② 移位。将$h(-m)$移位n，即得$h(n-m)$。当n为正整数时，右移n位；当n为负整数时，左移n位。

③ 相乘。再将$h(n-m)$和$x(m)$的相同m值的对应点值相乘。

④ 相加。把以上所有对应点的乘积叠加起来，即得$y(n)$值。

按照上面方法，当$n=-3,\cdots,3$时，累加乘积值，即可得全部$y(n)$值。

(2)FFT 实现。

编写 C 语言程序,先自行产生一个固定周期的正弦信号(也可使用方波信号、三角波信号等其他已知频谱图的周期信号),通过FFT函数转换为信号对应的频域波形、用graph工具对比算法生成的波形和 graph FFT magnitude 生成的波形。

在调试过程中,在主循环的 while(1) 处设置调试断点,程序运行到断点处后,通过 tools → graph → single time 画出信号源 INPUT 和输出信号 DATA 的波形,通过 tools → graph →FFT magnitude 画出信号源 INPUT 的频谱图。

(3)FIR 滤波器实现。

对于一个 FIR 滤波器,假定其冲激响应为 $b_i(i=0,1,2,\cdots,N-1)$,输入信号为 $x(n)$,则有以下差分方程:

$$y(n)=\sum_{i=0}^{N-1}b_ix(n-i)$$

其对应的滤波器传递函数为

$$H(z)=\sum_{i=0}^{N-1}b_iz^{-i}$$

可以用横截型(又称直接型或卷积型)FIR 数字滤波器的结构图表示,如图 4.2 所示。

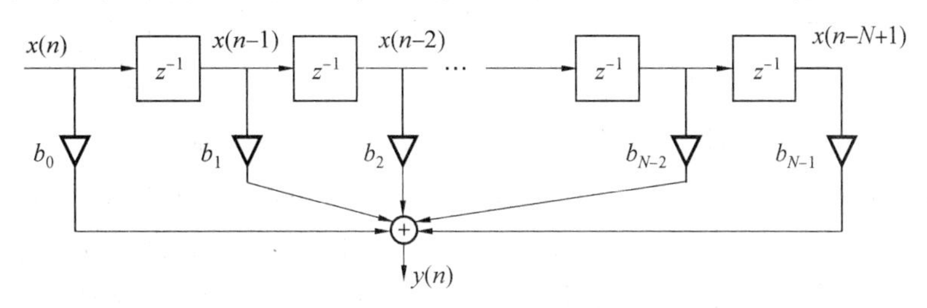

图 4.2 横截型 FIR 数字滤波器的结构图

由上面的公式和结构图可知,FIR 滤波算法实际上是一种乘法累加运算。它不断地从输入端读入样本值 $x(n)$,经延时(z^{-1}),做乘法累加,再输出滤波结果 $y(n)$。

可以使用 Matlab,通过 fdatool 生成 FIR 滤波器系数,然后导出到实验中使用。编写 C 语言程序,先自行产生一个固定周期 T 的正弦信号,并叠加一个幅度不高的高频 Y 的干扰信号,通过 FIR 滤波器工具(如 Matlab)生成一个截止频率在 T 与 Y 之间的滤波器系数,将滤波器系数添加到代码中,运行代码,对比输入信号 fIn 和输出信号 fOut 的 FFT 波形。

(4)$\mathrm{I^2R}$ 滤波器实现。

$\mathrm{I^2R}$ 数字滤波器的传递函数 $H(z)$ 为

$$H(z)=\frac{\sum_{i=0}^{N}b_iz^{-i}}{1-\sum_{i=1}^{N}a_iz^{-i}}$$

其对应的差分方程为

$$y(n)=\sum_{i=0}^{N}b_ix(n-i)+\sum_{i=1}^{N}a_iy(n-i)$$

假定用直接形式构成一个二阶 I^2R 数字滤波器，其结构图如图 4.3 所示，差分方程为

$$y(n)=b_0\times x(n)+b_1\times x(n-1)+b_2\times x(n-2)+a_1\times y(n-1)+a_2\times y(n-2)$$

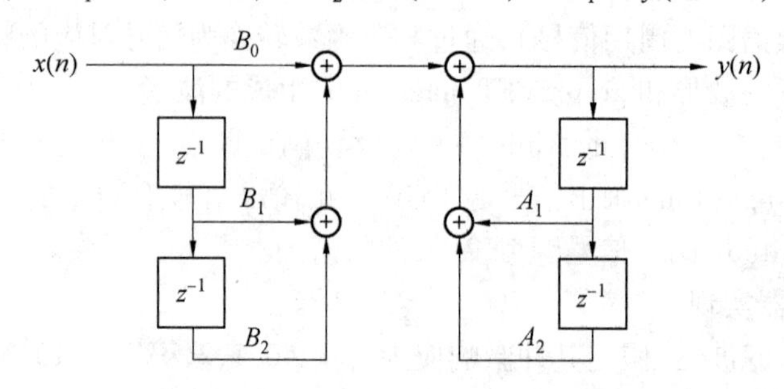

图 4.3 直接形式的二阶 I^2R 数字滤波器结构图

编程时，可以分别开辟四个缓冲区，存放输入、输出变量和滤波器的系数，存放输入、输出变量和滤波器系数的缓冲区如图 4.4 所示。

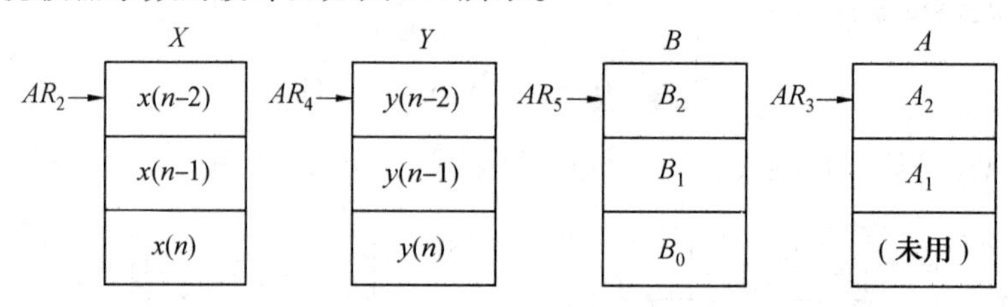

图 4.4 存放输入、输出变量和滤波器系数的缓冲区

与 FIR 滤波器实验相同，可以使用 Matlab，通过 fdatool 生成 FIR 滤波器系数，然后导出到实验中使用。编写 C 语言程序，先自行产生一个固定周期 T 的正弦信号，并叠加一个幅度不高的高频 Y 的干扰信号，通过 I^2R 滤波器工具生成一个截止频率在 T 与 Y 之间的滤波器系数（如 Matlab），将滤波器系数添加到代码中，运行代码，对比输入信号 fIn 和输出信号 fOut 的 FFT 波形。

（5）自适应滤波。

在数字信号处理的一些应用中，为保证条件变化时的跟踪能力，如语音信号传输中的回声和噪声干扰的消除等，往往需要滤波器能够进行自适应调节。由于 I^2R 滤波器存在着稳定性问题，因此目前通常采用 FIR 滤波器进行自适应算法的研究和运用。

自适应滤波器的结构图如图 4.5 所示。图中，$H(z)$ 的输出 $d(n)$ 为期望输出，当实际输出与期望输出存在误差时，自适应滤波器将自动调节其滤波器的系数，使得输出 $y(n)$ 接近理想输出。

在自适应 FIR 滤波器中，滤波输出具有以下形式：

$$y(n)=\sum_{k=0}^{N-1}b_k x(i-k)$$

滤波器的系数是依赖于时间的，在最小均方算法（Least Mean Square，LMS）中，系数用下列公式更新：

$$b_k(i+1)=b_k(i)+2\beta e(i)x(i-k)$$

式中

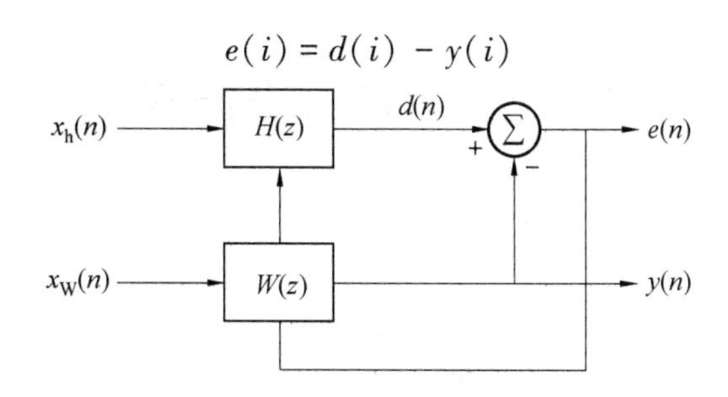

图 4.5 自适应滤波器的结构图

在数字信号处理的一些应用中,为保证条件变化时的跟踪能力,如语音信号传输中的回声和噪声干扰的消除等,往往需要滤波器能够进行自适应调节。由于 I^2R 滤波器存在着稳定性问题,因此目前通常采用 FIR 滤波器进行自适应算法的研究和运用。

4.2.4 实验内容及步骤

1.实验准备

(1) 放置有关实验模块。

在关闭系统电源的情况下,按要求放置信号处理与探测信号显示模块(已放置的可跳过该步骤)。

更换模块需要专用工具,为便于管理,该步骤可由老师在课前完成。

(2) 加电。

打开系统电源开关,通过液晶显示和模块运行指示灯状态,观察实验箱加电是否正常。若加电状态不正常,请立即关闭电源,查找异常原因。

2.实验数据观测

(1) 编写代码。

打开 CCS,新建 TMS320C5509 工程,编写代码。

注意:DSP 模块上与 DSP(TMS320C5509) 芯片直接连接的外设资源非常有限(最小系统外加一个按键),建议与 DSP 模块上的 STM32F407VET6 共同实现功能。

(2) 烧写程序。

代码编写完成后, 用 USB 线连接 DSPJTAG 仿真器和电脑, 连接仿真器和 TMS320C5509,最后下载程序至单片机并调试,验证功能是否符合预期。

3.实验结束

实验结束,关闭电源,并按要求放置好实验附件和实验模块。

4.2.5 实验报告要求

(1) 画出实验功能流程图。

(2) 写出实现功能的关键代码。

4.3 FPGA 平台设计开发

4.3.1 实验目的

(1) 熟悉使用 Verilog 语言进行 FPGA 开发

(2) 掌握对 ISE/Quartus 13.1 软件的应用,同时加深对计算机系统工作原理的理解。

4.3.2 实验仪器/模块

(1)PC 微机一台(装有 ISE 软件 Xinilix 10.1/Quartus 13.1)。

(2)FPGA 开发板。

4.3.3 实验原理

EDA 技术是以大规模可编程逻辑器件为设计载体,以硬件语言为系统逻辑描述的主要方式,以计算机、大规模可编程逻辑器件的开发软件及实验开发系统为设计工具,通过有关的开发软件,自动完成用软件设计的电子系统到硬件系统的设计,最终形成集成电子系统或专用集成芯片的一门新技术。其设计的灵活性使得 EDA 技术得以快速发展和广泛应用。

FPGA(Field - Programmable Gate Array) 即现场可编程门阵列,是在 PAL、GAL、CPLD 等可编程器件的基础上进一步发展的产物。它是作为专用集成电路(Application Specific Integrated Circuit,ASIC) 领域中的一种半定制电路而出现的,既解决了定制电路的不足,又克服了原有可编程器件门电路数有限的缺点。

在实验系统中,采用 Cyclone Ⅳ FPGA,采用了 Quartus 13.1 作为开发环境。Quartus Ⅱ 是 Altera 公司的综合性 PLD/FPGA 开发软件,有原理图、VHDL、VerilogHDL 及 AHDL(Altera Hardware 支持 Description Language) 等多种设计输入形式,内嵌自有的综合器及仿真器,可以完成从设计输入到硬件配置的完整 PLD 设计流程。

设计输入(DesignEntry)、仿真(Simulation)、逻辑综合(Synthesis)、实现(Implementation)、下载(Download) 这五个功能也是对 FPGA 进行开发时的五个步骤。

ISE 是 XILINX 公司的 FPGA 开发的另外一种设计工具,它可以完成 FPGA 开发的全部流程,包括设计输入、仿真、综合、布局布线、生成 BIT 文件、配置及在线调试等,功能非常强大。本书使用的 ISE 软件 Xilinx 10.1 版本可以实现。

4.3.4 实验内容及步骤

1.Quartus Ⅱ **基本实验操作**

本实验搭建一个最简单的 Quartus Ⅱ 的 FPGA 工程,并在此工程上进行引脚配置和 I/O 口控制。通过这个实验,可以对如何构建基于 Verilog 语言的 FPGA 开发工程有一个初步的认识。开发软件是 Quartus Ⅱ 13.1。

（1）工程搭建。

① 新建一个文件夹，用于存放 FPGA 工程，在整个工程路径中都不允许包含中文字符。

② 打开 Quartus Ⅱ 13.0，新建一个工程 File → New Project Wizard...，忽略 Introduction，单击 Next 进入下一步。分别设置工程工作目录、工程名称。需要注意的是，工程工作目录中请使用英文，不要含有空格等，然后单击 Next 进行下一步。

③ 添加已经存在的文件，如果没有需要添加的文件，则直接单击 Next 进入下一步，进行器件设置。本书使用 Cyclone Ⅳ 家族的 EP4CE6E22C8 芯片。选择好后直接进入下一步，进行 EDA 仿真工具设置。如果需要进行 ModelSim 仿真，则在 Simulation 行中选择 Tool Name 为 ModelSim - Altera（这里根据所安装的 ModelSim 版本进行选择），Format(s) 选择为 Verilog HDL（这里也是根据所掌握的硬件描述语言进行选择）。单击 Next，进入 Summary（摘要）页面，然后单击 Finish 即可。

④ 接下来需要向工程中添加 Verilog HDL 文件，单击 File → New...，选择 Design Files 中的 Verilog HDL FILE，单击 OK 即可。在新建的 Verilog HDL 文件中编写程序并保存，保存的文件名与程序模块名须统一。

⑤ 编写完程序后点击工具栏中的预编译，对程序进行语法错误分析，如果程序存在语法错误，则软件会在信息栏中提示报错，按照错误提示修改程序。

（2）引脚分配。

① 程序编译通过后需要对引脚进行分配，单击引脚分配工具后会跳转出引脚分配界面。

② 按照原理图分配引脚，输入对应的引脚序号或者展开下拉列表找到对应的引脚。

③ 引脚分配完成点击保存，关闭引脚分配窗口，如果需要查看引脚分配情况，可以重新进入引脚分配窗口或者点击工具栏中的分配菜单查看引脚分配情况。

（3）编译下载。

① 编译、生成目标文件、下载、验证。

Quartus Ⅱ 编译器是由几个处理模块构成的，分别对设计文件进行分析检错、综合、适配等，并产生多种输出文件，如定时分析文件、器件编程文件、各种报告文件等。

选择菜单 Processing → Start Compilation，或者单击编译按钮，即启动了完全编译，这里的完全编译包括分析与综合、适配、装配文件、定时分析、网表文件提取等过程。如果只想进行其中某一项或某几项编译，可以选择菜单 Processing → Start 或者单击菜单上的快捷单击按钮，即对每一小项进行编译。如果单击 Start Compilation 按钮，则启动整个的编译过程。

② 编译信息显示。

编译完成后，会将有关的编译信息显示在窗口中，以查看其中的相关内容。此时，在 OUTPUT 文件夹里可以找到扩展名为 sof 的目标文件。这时，使用 jtag 工具就可以将程序下载到 FPGA 开发板。

③ 连接 USB。

将实验箱和 PC 机通过 FPGA 下载器连接，下载器一端连接到计算机 USB 口，另一端连接到实验箱上的JTAG接口上,打开实验箱上的电源。在Quartus Ⅱ中单击下载图标或选择Tools→Programmer,选择编程文件进行下载。

在Quartus Ⅱ中连接下载器,在图中选择"Hardware Setup",弹出的对话框中默认会显示出当前电脑连接的下载器。如果当前PC是第一次连接下载器或者没有安装过下载器的驱动程序,系统默认弹出驱动安装提示信息,在设备管理器中发现新的硬件设备。更新驱动程序,驱动程序在Quartus Ⅱ的安装文件夹中,如C:\altera\13.1\ quartus\drivers\usb - blaster。安装成功后,会出现发现新硬件"Altera USB -Blaster"。

④ 下载程序。

连接好下载器后,点击"Start"按键,在软件的右上角实时显示下载的进度,到达100%则表示成功,如果下载失败,请检查下载器是否连接正常。

(4) 功能验证。

将程序加载到FPGA芯片中后就可以对功能进行验证,程序加载到芯片的RAM中,所以每次掉电都要重新加载程序。

2.Xilinx ISE基本实验操作

(1) 新建工程。打开"Xilinx ISE"软件,单击右上角"File",选择"NewProject",选择工程储存地址及工程命名。单击"next",进行芯片设置和操作设置,选择芯片系列和具体型号,然后选择综合工具,接下来选择仿真类工具,如Modelsim,单击下一步,工程即建立完成。

(2) 添加源文件。单击"project",新建源文件。源文件类型很多,包括IP - core、原理图、状态图、Verilog模块、Verilog测试模块及VHDL模块等。

(3) 程序编写。在编辑栏中选择语言,即可选择语言模块,可以向程序中直接添加使用。程序编写完成后,进行保存。

(4) 管脚分配。在界面左半部分单击源文件名,界面左下方就会出现可以对源文件进行的操作,用户设定中包括I/O口设定,可以实现将程序中的输入输出与开发板上的I/O口一一对应起来。

(5) 编译实现。点击芯片编译,自动完成编译、映射和布局布线等,没有错误就可以进行下一步,有错误则重新修改程序或电路。

(6) 程序下载。完成上述五个步骤后,系统会自动生成一个.bit文件,为需要下载到开发板上的文件。如果开发板上有两块芯片,则位于中间的为FPGA芯片,位于角落的为PROM只读存储器芯片,可以将.bit文件下载到FPGA,或者将.bit文件转换为.mcs文件下载到存储器。

3.信号发生器实现

本实验的目的是利用Verilog语言实现信号发生器,并掌握SignalTap Ⅱ工具的使用。FPGA输出12位精度的波形数据和采样时钟,将波形数据和采样时钟输入到DA数模转换芯片转换为模拟信号,再通过处理放大最终从RF引脚输出生成的波形。例如,AD9742是12位精度,最高转换速率125 Mbit/s的模数转换芯片,在本次实验中将芯片的MODE引脚与AVDD连接,则转换数据使用的二进制补码格式。

Verilog程序的功能是产生一个DA采样时钟DA_CLK,并且在DA_CLK的每一个时钟周期将波形数据通过 12 个通道输送出去。本实验使用 Quartus Ⅱ 提供的 IP 核 PLL 锁相环产生标准的 2.048 MHz 时钟。程序设计支持正弦波、方波、三角波三种波形数据输出,数据范围为 - 2 048 ~ 2 048。为方便和简化数据的存储,将波形数据预先存储到 wave.mif 文件中,通过调用 ROM IP 核对数据进行读取,最终输出的波形数据输送到 A/D 转换芯片转换为模拟信号。实验步骤如下。

(1) 创建工程,模块接口和分配管脚。

(2) 创建 IP 核,编写如下 Verilog 程序代码:

```
'define SIN_Wave// 宏定义
module dds(
  input clk,
  output [11:0]da,
  output DA_CLK
);
// 条件编译
'ifdef  SIN_Wave
  parameter wave_size = 0;
'elsif  Square_Wave
  parameter wave_size = 1;
'elsif  Triangle_Wave
  parameter wave_size = 2;
'elsif  Sawtooth_Wave
  parameter wave_size = 3;
'elsif  Half_Wave
  parameter wave_size = 4;
'elsif  Hole_Wave
  parameter wave_size = 5;
'endif
wire da_clk;
ip_pll t2(                    // 例化 PLL IP 核
  .inclk0(clk),
  .c0(da_clk)//2.048Mhz
  );
wire [11:0]data;
reg [11:0]add1 = 0;
reg [14:0]add2 = 0;
always @ (posedge da_clk)
begin
  add1 <= add1 + 11'd2;
```

```
  add2 < = wave_size * 4096 + add1;
end
ip_rom t1(  .address(add2),  .clock(da_clk),.q(data)  );// 例化 ROM IP 核
assign da = data - 12'd2048;// 波形数据输出
assign DA_CLK = da_clk;// 采用时钟输出
endmodule
```

(3) 编写 SignalTap Ⅱ 测试文件。

① 创建 SignalTap Ⅱ 调试文件。

单击 File → New…, 选择 Design Files 中的 SignalTap Ⅱ Logic Analyzer File,单击 OK,进入 SignalTap Ⅱ 软件的工作界面。SignalTap Ⅱ 软件的主界面分为四个区域,分别是状态区(显示 SignalTap Ⅱ 运行状态)、JTAG 区(检测 JTAG 连接情况及下载固件)、设置区(对 SignalTap 各项参数进行设置)和数据区(显示捕获到的信号数据)。

② 采样设置。

采样设置包含采样时钟、采样深度、采样方式、触发方式和触发条件设置。

③ 采样时钟设置。

单击 Clock 行的 … 图标,展开 Node Finder 对话框,在 Filter 筛选框中选择合适的筛选条件,单击 List 软件会自动筛选出满足条件的信号。在信号列表中选择所需要的信号双击或者单击 > 按键将信号加入右侧对话框,单击 OK 关闭对话框,采样时钟添加完成。

④ 采样深度设置为 4K,采样方式设置为连续采样,触发流控制设置为满足所有触发条件时触发,触发级数为 1。

⑤ 触发信号。

在设置区空白区域双击或者右击选择 add node,弹出 node finder 对话框,重复添加采用时钟的操作步骤,将需要观察的信号添加到列表中。

⑦ 触发信号添加完成后将文件保存为 stp.stp 文件,并添加到工程中。

(4) 引脚分配。

根据电路图的电气连接,将未分配管脚进行指定。

(5) 编译、下载并调试。

① 重新进行全编译并按照实验一步骤下载到 FPGA 芯片中。下载完成,保持下载线连接,双击打开工程中的.stp 文件,进入 SignalTap Ⅱ 观测界面。

② 切换到数据区,可以观测到捕获信号被循环捕获的数据,在数据区根据需要右击放大或者单击缩小显示间隔。

③ 同时将鼠标移动到捕获信号 name 栏右击,选择红框中的内容,可以将捕获数据以不同的方式显示,这里选择无符号线表方式显示。

④ 观察到输出端输出了正弦波

⑤ 观测完成后点击工具栏中的显示图标退出分析,关闭窗口。

(6) 观察输出信号,使用示波器观测从 RF 输出端输出的模拟信号。

4.低通滤波器实现

滤波器是一种选频装置,可以使信号中特定的频率成分通过,而极大地衰减其他频率

成分。利用滤波器的这种选频作用，可以滤除干扰噪声或进行频谱分析，构建基于Verilog 语言的数字低通滤波器对 1 kHz 方波进行滤波，掌握 Quratus Ⅱ FIR IP 核的创建和使用。ADC08200 是 AD 模数转换芯片，转换输出精度为 8 位。将模拟信号输入到模数转换芯片转换为波形数据，采样时钟由 FPGA 产生。FPGA 芯片输出 AD 采样时钟，并对AD 转换结果进行读取再用低通滤波器滤波，最终用 SignalTap Ⅱ 观察滤波结果。

5.实验步骤

（1）创建工程，添加模块接口和分配管脚。

（2）创建 FIR IP 核。

① 选择 Tools → MegaWizard Plug → In Manager，在跳转的界面中选择创建一个新的IP 核，点击 next。

② 在搜索栏中输入 fir，选择 FIR Compiler V13.1，为创建的 IP 核创建名字和存储路径，如果需要使用 Modelsim 进行仿真，建议将 IP 和存储路径放在工程路径下。单击 next 进入下一步。

③ 在跳转出的界面中单击 Step1 进入滤波器参数设置

④ 单击 Edit Coefficient 选项卡，对滤波器参数进行设置，滤波器类型设置为 Lowpass，窗口类型为 Hamming，滤波系数为 128，采样率为 100 kHz，截止频率为 1 kHz。

⑤ 参数设置完成点击应用，再单击 OK 返回设置主界面，设置输入通道为 1，有符号位宽 8 位输入、全分辨率输出。

⑥ 采样系数位宽设置为 8 位，滤波结构全并行结构。

⑦ 设置完成，单击 finish，单击 Step2 全部勾选，再单击 Step3 Generate 生成 IP 核。如果在生成过程中出现卡顿现象，可以退出再重新生成文件或者代开任务管理器，将 Java 下的 quratus.map 任务结束。IP 核产生后将.qip 文件添加到工程中。

（3）编写程序。

```
module dds_fir(
    input clk,
    output AD_CLK,
    input AD_D0,
    input AD_D1,
    input AD_D2,
    input AD_D3,
    input AD_D4,
    input AD_D5,
    input AD_D6,
    input AD_D7
)/ * synthesis noprune * / ;
reg [7:0]data;
always @ (posedge fir_clk)
begin
```

```
    data = AD_D0 | (AD_D1 << 1) | (AD_D2 << 2) | (AD_D3 << 3) | (AD_D4 << 4) | (AD_D5 << 5) | (AD_D6 << 6) | (AD_D7 << 7);// 获取波形数据
  end
  wire [20:0]data1;
  reg fir_clk = 0;
  reg [11:0]cnt = 0;
  always @(posedge clk)
  begin
  if(cnt == 12'd124)
  begin
      cnt <= 12'd0;
      fir_clk <= ~ fir_clk;
    end
    else
      cnt <= cnt + 1'b1;
  end
  ip_fir t1(// 例化 FIR IP 核
    .clk(fir_clk),
    .reset_n(1'b1),
    .ast_sink_data(data),
    .ast_sink_valid(1'b1),
    .ast_source_ready(1'b1),
    .ast_sink_error(0),
    .ast_source_data(data1),
    .ast_sink_ready(),
    .ast_source_valid(),
    .ast_source_error()
    );
  reg [20:0]da1;
  always @(posedge fir_clk)
  begin
    da1 <= data1;
  end
  assign AD_CLk = fir_clk;
  endmodule
```

(4) 创建 SignalTap Ⅱ 调试文件。

添加调试文件,采样时钟使用 fir_clk,采用深度为 1 kHz,添加捕获信号 data 和 da1。

(5) 编译、下载并调试。

① 重新进行全编译并按照实验一步骤下载到 FPGA 芯片中。下载完成,保持下载线连接,双击打开工程中的.stp 文件,进入 SignalTap Ⅱ 观测界面,单击运行图标开始运行。

② 切换到数据区,可以观测到捕获信号被循环捕获的数据,在数据区根据需要右击放大或者单击缩小显示间隔。

③ 同时将鼠标移动到捕获信号 name 栏单击右键,选择红框中的内容,可以将捕获数据以不同的方式显示,这里选择无符号线表方式显示。

④ 可以观察到输出端输出了与方波频率相同的正弦波,方波滤波基波正弦信号如图 4.6 所示。

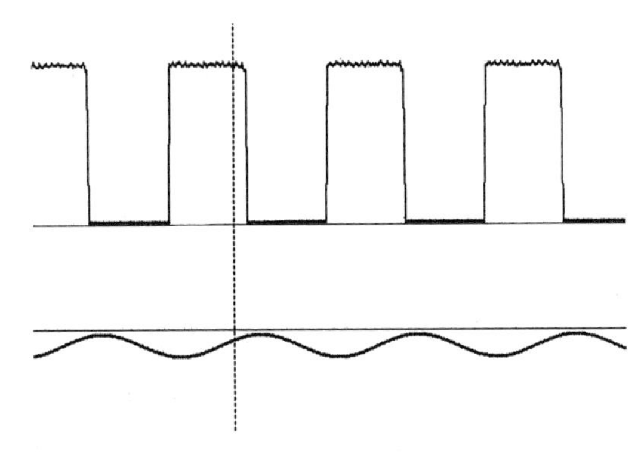

图 4.6 方波滤波基波正弦信号

⑤ 观测完成后点击工具栏中的显示图标退出分析,关闭窗口。

⑥ 通过低通滤波器成功将 1 kHz 方波的基波滤出。

4.3.5 实验报告要求

(1) 画出实验功能流程图。

(2) 写出实现功能的关键代码。

4.4 信道估计与均衡

4.4.1 实验目的

在本实验中,需要利用线性最小二乘算法,实现线性均衡器的设计,以领会信道均衡器的基本思想。此外,通过比较不同接收机误码率性能,将感受到均衡技术对于抗多径信道的重要意义。

4.4.2 实验仪器 / 模块

PC 微机一台(装有 Matlab)。

4.4.3 实验原理

1.理论分析

经过多径传播到达接收机的信号,一般表示为

$$z(t) = \int_{\tau} h_{e}(\tau)x(t-\tau)\mathrm{d}\tau \tag{4.1}$$

式中,$h_{e}(\tau)$ 为基带的频率选择性信道。

则调制解调器间的等价基带信道为

$$h(t) = \sqrt{E_{x}}h_{e}(\tau) * g_{tx}(t) * g_{rx}(t)$$

式中,$g_{tx}(t)$、$g_{rx}(t)$ 为匹配滤波器组。

$h[n]$ 为数字基带等价信道,即 $h[n] = h(nT)$,其中 T 为符号周期,则有

$$y[n] = \sum_{m} h[m]s[n-m] + v[n] \tag{4.2}$$

式中,$\sum_{m\neq 0} s[n-m]h[m]$ 表示符号间干扰,当 $h(t)$ 为奈奎斯特脉冲时,该项为0,即解调器输入信号无符号间干扰。

均衡器 $f(t)$ 满足 $h_{e}(t) * f(t) = \delta(t-t_{d})$,即均衡器可补偿信道的影响,使得 $h(t) = \sqrt{E_{x}}h_{e} * g_{tx}(t) * g_{rx}(t) * f(t)$ 保持奈奎斯特滤波器特征,消除了符号间干扰。信道均衡如图4.7所示。均衡器参数是由具体信道参数决定的,一般可采用直接估计均衡器参数和根据估计的信道参数间接估计均衡器参数两种方式完成均衡器的设计。在本实验中,均衡器间接估计算法已经给出,直接估计算法需要自己完成。

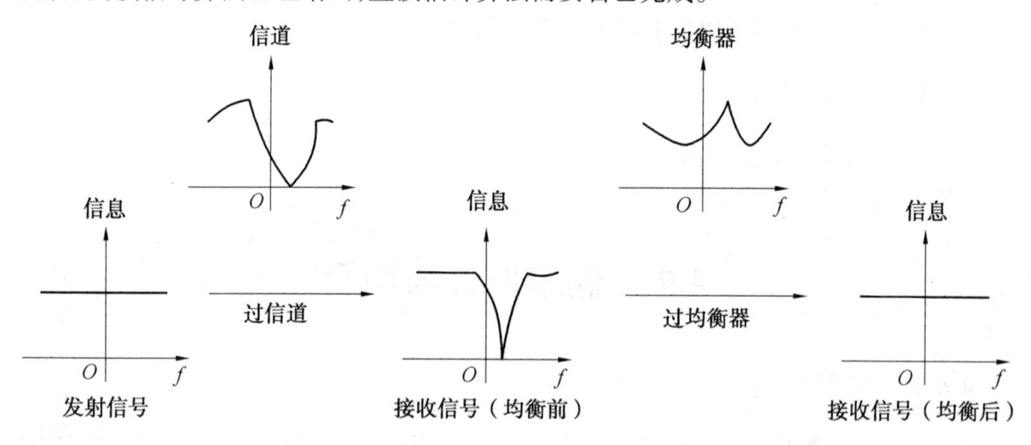

图4.7 信道均衡

2.最小线性二乘

本实验所需完成的信道估计和信道均衡都是基于最小二乘法的,下面简单介绍该方法的原理。

$\boldsymbol{A}$ 是 $N\times M$ 的列满秩矩阵($N > M$),$\boldsymbol{b}$ 是 $N\times 1$ 维的矢量,$\boldsymbol{x}$ 是 $N\times 1$ 维的矢量。线性方程组如下:

$$\boldsymbol{Ax} = \boldsymbol{b} \tag{4.3}$$

由于$N > M$且矩阵$\boldsymbol{A}$列满秩,则可能不存在满足约束条件的解,因此将满足下式的x作为该线性方程组的近似解:

$$\min \| \boldsymbol{A}\boldsymbol{x} - \boldsymbol{b} \|^2 \tag{4.4}$$

由矩阵运算可知满足上式的解为

$$\boldsymbol{x}_{\mathrm{LS}} = (\boldsymbol{A} * \boldsymbol{A})^{-1}\boldsymbol{A} * \boldsymbol{b} \tag{4.5}$$

其中最小平方误差$J(\boldsymbol{x}_{\mathrm{LS}}) = \min \| \boldsymbol{A}\boldsymbol{x} - \boldsymbol{b} \|^2$可表示为

$$J(\boldsymbol{x}_{\mathrm{LS}}) = \| \boldsymbol{A}x_{\mathrm{LS}} - \boldsymbol{b} \|^2 = \boldsymbol{b} * (\boldsymbol{b} - \boldsymbol{A}\boldsymbol{x}_{\mathrm{LS}}) \tag{4.6}$$

该算法即线性最小二乘法,它是处理过定问题的经典算法,$\boldsymbol{x}_{\mathrm{LS}}$称为线性最小二乘法得到的近似解。

3.直接最小二乘均衡器

利用最小二乘估计算法和接收训练序列直接设计均衡器参数,可以得到直接最小二乘均衡器。n_{d}为均衡器的延迟参数,则接收信号经过均衡器可表示为

$$\hat{s}[n - n_{\mathrm{d}}] = \sum_{l=0}^{L_{\mathrm{f}}} f_{n_{\mathrm{d}}}[l]y[n - l] \tag{4.7}$$

$s[n] = t[n](n = 0,\cdots,N_t - 1)$为训练序列,则$\hat{s}[n - n_{\mathrm{d}}] = t[n - n_{\mathrm{d}}](n = n_{\mathrm{d}},\cdots,n_{\mathrm{d}} + N_t - 1)$,上式等价于

$$t[n] = \sum_{l=0}^{L_{\mathrm{f}}} f_{n_{\mathrm{d}}}[l]y[n + n_{\mathrm{d}} - l], \quad n = 0,1,\cdots,N_t - 1 \tag{4.8}$$

式中,训练序列$\{t[0],t[1],\cdots,t[N_t - 1]\}$和接收信号$\{y[0],y[1],\cdots\}$已知,均衡器参数$\{f_{n_{\mathrm{d}}}[0],f_{n_{\mathrm{d}}}[1],\cdots,f_{n_{\mathrm{d}}}[L_{\mathrm{f}}]\}$为所求参量。为克服噪声随机特性带来的影响,一般要求求解均衡器参数的线性约束关系的数目大于均衡器待求参数的个数,即$L_{\mathrm{f}} \leqslant N_t - 1$。根据上式构建线性不等式组:

$$\underbrace{\begin{bmatrix} t[0] \\ t[1] \\ \vdots \\ t[N_t - 1] \end{bmatrix}}_{t} = \underbrace{\begin{bmatrix} y[n_{\mathrm{d}}] & \cdots & y[n_{\mathrm{d}} - L_f] \\ y[n_{\mathrm{d}} + 1] & \cdots & \cdots \\ \vdots & & \vdots \\ y[n_{\mathrm{d}} + N_t - 1] & \cdots & y[n_{\mathrm{d}} + N_{\mathrm{t}} - L_{\mathrm{f}} - 1] \end{bmatrix}}_{Y_{n_{\mathrm{d}}}} \underbrace{\begin{bmatrix} f_{n_{\mathrm{d}}}[0] \\ f_{n_{\mathrm{d}}}[1] \\ \vdots \\ f_{n_{\mathrm{d}}}[L_{\mathrm{f}}] \end{bmatrix}}_{f_{n_{\mathrm{d}}}} \tag{4.9}$$

该不等式组由$L_{\mathrm{f}} \leqslant N_t - 1$且接收信号$\boldsymbol{Y}$带有由受噪声干扰的接收信号组成,则$\boldsymbol{Y}$为列满秩矩阵,根据最小二乘法可得到平方估计误差最小的均衡器参数:

$$\hat{f}_{n_{\mathrm{d}}} = (Y_{n_{\mathrm{d}}} * Y_{n_{\mathrm{d}}})^{-1}Y_{n_{\mathrm{d}}} * t, \quad n_{\mathrm{d}} = 0,1,\cdots,L_{\mathrm{f}} \tag{4.10}$$

且平方估计误差为

$$J_{\mathrm{f}}[n_{\mathrm{d}}] = \| t - Y_{n_{\mathrm{d}}}\hat{f}_{n_{\mathrm{d}}} \|^2 = t * (t - Y_{n_{\mathrm{d}}}\hat{f}_{n_{\mathrm{d}}}) \tag{4.11}$$

进一步优化$J_{\mathrm{f}}[n_{\mathrm{d}}]$对应的$n_{\mathrm{d}}$即均衡器的最优延迟。

4.5 信号检测与提取

4.5.1 实验目的

（1）了解随机信号分析理论如何在实践中应用。

（2）了解随机信号自身的特性，包括均值（数学期望）、方差、相关函数、频谱及功率谱密度等。

（3）掌握随机信号的检测及分析方法。

4.5.2 实验仪器/模块

计算机、Matlab 软件

4.5.3 实验原理

1.白噪声

白噪声（White Noise）是一种功率谱密度为常数的随机信号或随机过程，其他不具有这一性质的噪声信号称为有色噪声。白噪声和有色噪声序列如图 4.8 所示。理想的白噪声具有无限带宽，因此其能量无限大，这在现实世界是不可能存在的。实际上，常常将有限带宽的平整信号视为白噪声，以方便进行数学分析。白噪声的数学期望为 0，其自相关函数为狄克拉 δ 函数，其基本数字特征如下。

（1）均值。高斯白噪声的均值为 0，可用函数 mean 实现。

（2）方差。高斯白噪声的方差为 1，可用函数 var 实现。

（3）均方值。高斯白噪声的均方值为 1，可用 sum(y. * conj(y))/length(y) 实现，其中 y 为白噪声信号。

（4）相关函数。高斯噪声的自相关函数为狄克拉 δ 函数，可用 xcorr 函数实现。

（5）频谱。可用 fft 函数实现。

（6）功率谱密度。高斯白噪声的功率谱密度为一常数，可用其频谱的傅里叶变换实现。

2.微弱信号

微弱信号不仅意味着信号的幅度小，而且主要指被噪声淹没的信号。提取微弱信号时，其关键因素在于提高信噪比。因此，首先要进行滤波，利用滤波器的频率选择特性，可把滤波器的通带设置得能够覆盖有用信号的频谱，滤波器不会使有用信号衰减或使有用信号衰减很少。而噪声的频带通常较宽，当通过滤波器时，通带外的噪声功率受到大幅度衰减，从而使信噪比得以提高。

因为噪声总会影响信号检测的结果，所以信号检测是信号处理的重要内容之一，低信噪比下的信号检测是目前检测领域的热点，而强噪声背景下的微弱信号提取又是信号检测的难点。

噪声主要来自于检测系统本身的电子电路和系统外空间高频电磁场干扰等，通常从

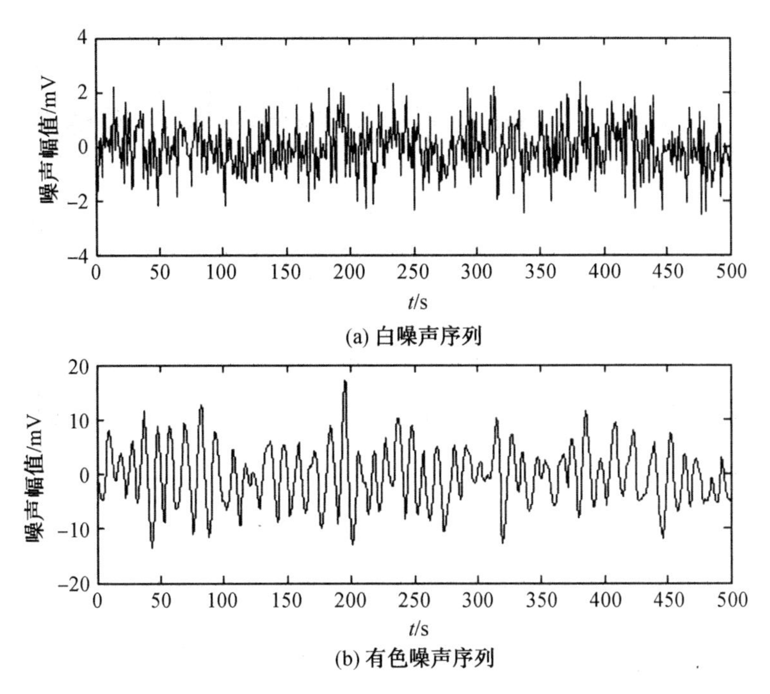

图 4.8 白噪声和有色噪声序列

以下两种不同途径来解决。

(1) 降低系统的噪声,使被测信号功率大于噪声功率。

(2) 采用相关接受技术,保证在信号功率小于噪声功率的情况下,人能检测出信号。

利用白噪声信号在任一时间 t 均值为零这一特性,将强噪声信号分段延时,到某一时刻累加,由此时刻所得的随机变量的均值是否为零来判断 t 时刻以前的信号中是否含有有用信号。利用这种检测方法可以在不知微弱信号的波形的情况下对强噪声背景中的微弱信号进行有效的检测。

对微弱信号的检测与提取有很多方法,常用的方法有自相关检测法、多重自相关法、双谱估计理论及算法、时域方法、小波算法等。

本实验采用多重自相关法。多重自相关法是在传统自相关检测法的基础上对信号的自相关函数再多次做自相关。信号经过相关运算后增加了信噪比,但其改变程度是有限的,因此限制了检测微弱信号的能力。多重自相关法将 $x_1(t)$ 作为 $x(t)$,重复自相关函数检测方法步骤,自相关的次数越多,信噪比提高得越多,因此可检测出强噪声中的微弱信号。

4.5.4 实验内容及步骤

1. 白噪声的检测与分析

白噪声信号是一个均值为零的随机过程,任一时刻是均值为零的随机变量。服从高斯分布的白噪声称为高斯白噪声。图 4.9 所示为高斯白噪声及其自相关函数的波形。

可以看出,高斯白噪声具有随机性及不相关性(其自相关函数在 $t = 0$ 处为一冲激,即为该随机过程的平均功率)。

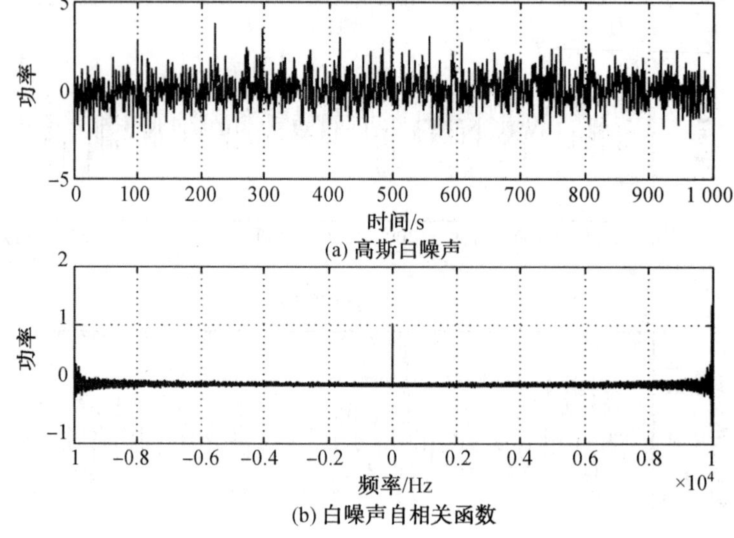

图 4.9 高斯白噪声及其自相关函数的波形

图4.10所示为白噪声均值和方差,可以看出高斯白噪声的均值为0,方差为1,服从高斯分布。

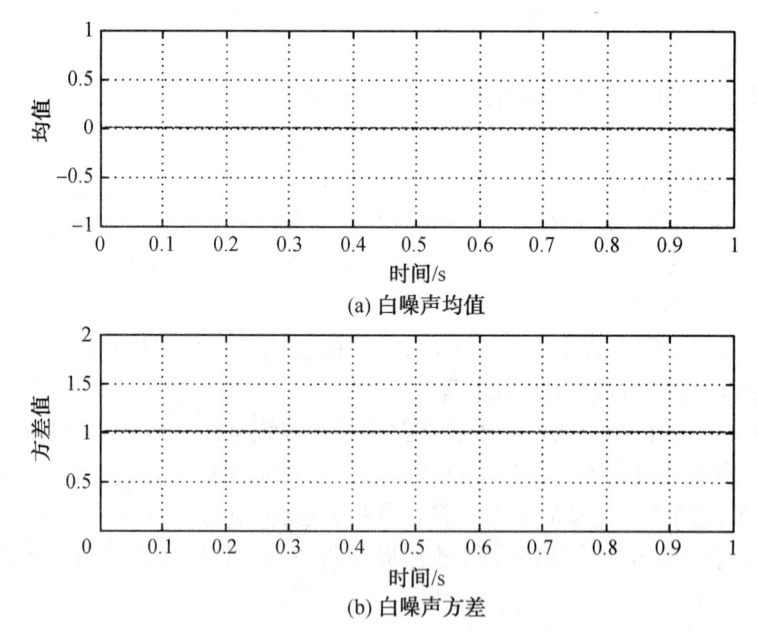

图 4.10 白噪声均值和方差

图 4.11 所示为高斯白噪声的频率谱密度及功率谱密度。

由于 Matlab 中采用近似估算法,因此其功率谱密度并非理想情况下一个常数频谱,但大致在 2 ~ 4 内波动,可近似为一常数。

2.色噪声的监测与分析

噪声是一个随机过程,而随机过程有其功率谱密度函数,功率谱密度函数的形状则决

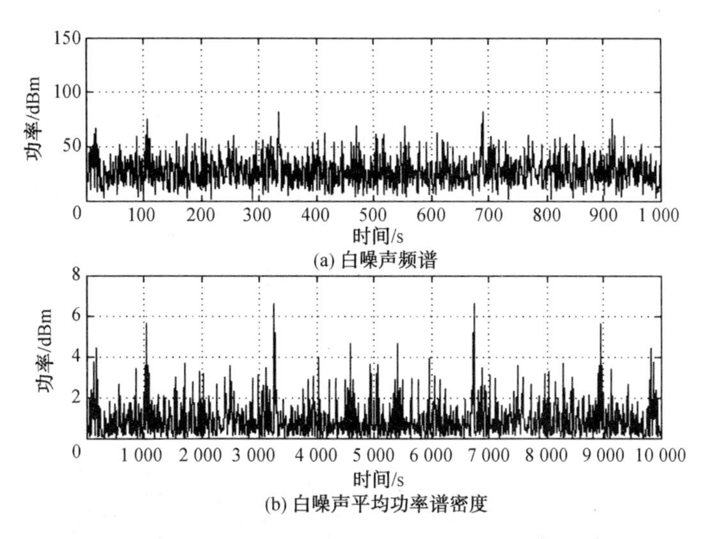

图 4.11　高斯白噪声的频率谱密度及功率谱密度

定了噪声的“颜色”。白色包含了所有的颜色,因此白噪声的特点就是包含各种噪声。白噪声定义为在无限频率范围内功率密度为常数的信号,这就意味着还存在其他“颜色”的噪声。色噪声是指任意一个具有非白色频谱的宽带噪声,大多数的音频噪声,如移动汽车的噪声、计算机风扇的噪声、电钻的噪声、周围人们走路的噪声等,其频谱主要都是非白色低频段频谱。而且,通过信道的白噪声受信道频率的影响而变为有色的噪声。

实验中,用高斯白噪声加上函数 $3t$ 得到色噪声函数模型。图 4.12(a) 所示为色噪声波形及其自相关函数波形。

与高斯白噪声相比,可以看出二者具有明显不同,其自相关函数不再为零,在 $t=0$ 处仍有一冲激,为其中高斯白噪声的平均功率。图 4.12 所示为波形及其自相关函数,与高斯白噪声相比,其功率谱密度在频谱范围内不再近似为一常数。

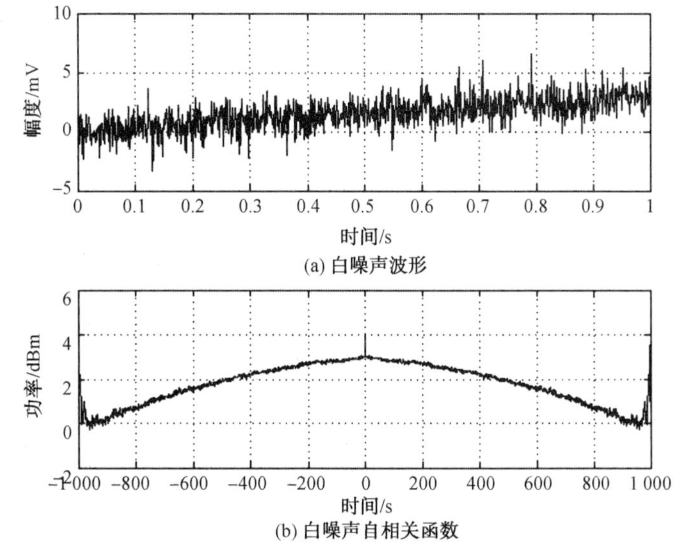

图 4.12　白噪声波形及其自相关函数

3.混合信号的检测提取与分析

实验中采用了幅度为1、频率为25 Hz的正弦信号为原信号,其中加入了信噪比为-10 dB的高斯白噪声的到混合信号,原正弦信号全淹没在了噪声中(图4.13)。

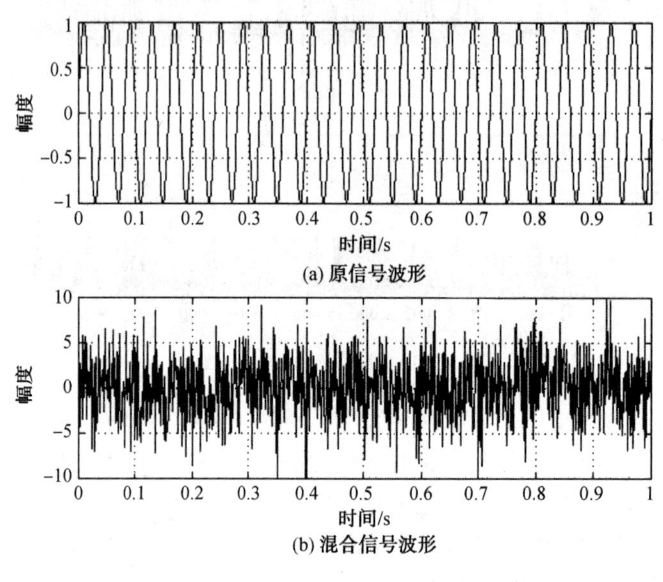

图4.13 混合信号

4.5.5 实验报告要求

描述信号检测与提取的原理与流程。

本章参考文献

[1] JOSEPH Y.ARM Cortex - M3与Cortex - M4权威指南[M].吴常玉,曹孟娟,王丽江,译.3版.北京:清华大学出版社,2015.

[2] 肖广兵.ARM嵌入式开发实例——基于STM32的系统设计[M].北京:电子工业出版社,2013.

[3] 杜洋.STM32入门100步[M].北京:人民邮电出版社,2021.

[4] 西蒙.FPGA编程从零开始——使用Verilog[M].李杨,别志松,译.北京:清华大学出版社,2018.

[5] 孙其功,邬刚,田小林,等.深度神经网络FPGA设计与实现[M].西安:西安电子科技大学,2020.

[6] 杜勇.数字通信同步技术的MATLAB与FPGA实现[M].北京:电子工业出版社,2020.

[8] 侯宁,赵红梅.详论基于MATLAB、DSP及FPGA的通信系统仿真与开发[M].长春:吉林大学出版社,2018.

[9] 乔庐峰,陈庆华,晋军,等.Verilog HDL算法与电路设计——通信和计算机网络典型案例[M].北京:清华大学出版社,2021.

[10] 周霖.DSP 通信工程技术应用[M].北京:国防工业出版社,2004.
[11] 张太镒,任宏.TI DSP 在通信系统中的应用[M].北京:电子工业出版社,2008.
[12] 邹彦.DSP 原理及应用[M].3 版.北京:电子工业出版社,2019.
[13] 郭业才,郭燚.通信信号处理[M].北京:清华大学出版社,2019.

第5章　海洋数据人机交互技术

5.1　基于 Visual Studio 的海洋雷达数据观测

5.1.1　实验目的和软件

(1) 了解 serialport 的 C ++ 串口通信类的使用。

(2) 学习雷达数据帧的解析。

(3) 学习 OPENCV 图像处理函数的使用。

(4) 编程(Visual Studio)。

5.1.2　海洋雷达数据传输原理

1.激光雷达节点数据帧格式

激光雷达模块的原始数据经该节点 STM32 处理后,将一圈数据分为 16 帧进行传输,即每帧数据包含 22.5° 范围内的点云数据,数据传输帧格式见表 5.1。

表 5.1　数据传输帧格式

帧头(2B)	设备号(1B)	模块号(1B)	数据长度(1B)	转速值(1B)	起始角度(2B)	点个数(1B)	数据值(NB)	校验(1B)
5aa5	1	7	××	××	××	××	××	××

2.serialport 串口通信类的使用

需要提前安装好 Visual Studio 软件,新建工程并导入 serialport 的源文件和头文件。首选进行初始化操作,在主函数中,通过如下操作创建串口实例,设置串口参数,并且打开串口:

```
CSerialPortmySerialPort;// 首先将之前定义的类实例化
if(! mySerialPort.InitPort(3,CBR_115200,'N',8,1,EV_RXCHAR))// 是否打开串口,3 就是外设连接电脑的 com 口,可以在设备管理器查看,然后更改这个参数
{
  std::cout < <"initPortfail! " < < std::endl;
}
if(! mySerialPort.OpenListenThread())// 是否打开监听线程,开启线程用来传输返回值
{
  std::cout < <"OpenListenThreadfail! " < < std::endl;
}
```

初始化完成后,进行串口监听线程的处理函数编写。打开 SerialPort.cpp 文件,找到函数 UINTWINAPICSerialPort::ListenThread(void * pParam)。该函数通过轮询方式读取串口的数据。当串口输入缓冲器中无数据时,则休息一会再进行读取;当串口接收到数据时,通过设定状态机变量来判断收到的数据是否为雷达完整帧数据。数据处理流程图如图 5.1 所示。

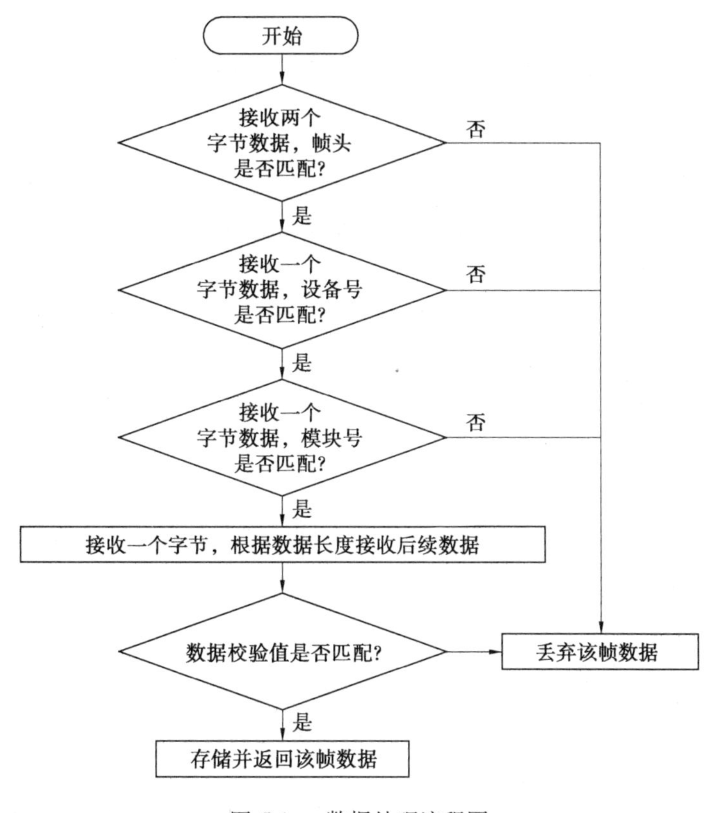

图 5.1　数据处理流程图

5.1.3　基于 OPENCV 界面的编写

雷达点云是显示使用 OPENCV 进行显示,需要提前安装好 OPENCV 3 以上的版本。使用 Mat 类创建一张画布,再使用 circle 函数将每一个点描绘出来,circle 函数点描绘如图 5.2 所示。

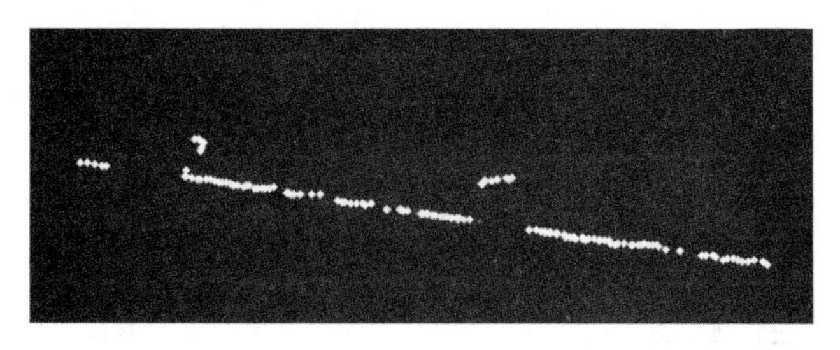

图 5.2　circle 函数点描绘

5.1.4 实验内容及步骤

(1) 放置有关实验模块。

在关闭系统电源的情况下,按要求放置激光雷达模块(已放置的可跳过该步骤)。

更换模块需要专用工具,为便于管理,该步骤可由老师在课前完成。

(2) 电脑连接 LoRa。

提前将激光雷达节点的 LoRa 模块与连接电脑的 LoRa 模块配对,然后将 LoRa 模块通过 USB 转 TTL 连接至电脑。

(3) 加电。

打开系统电源开关,通过液晶显示和模块运行指示灯状态,观察实验箱加电是否正常。若加电状态不正常,请立即关闭电源,查找异常原因。

(4) 实验数据观测。

在雷达显示界面观测点云显示结果,观测不同物体的点云特征,并做记录。

(5) 编写代码。

打开 Visual Studio,参考所给例程独立编写雷达显示的代码,实现功能,尝试改变雷达扫描显示的范围。

(6) 观察数据。

观察更改显示范围后的雷达点云图,观测不同物体的点云特征是否有变化。

5.1.5 实验报告要求

(1) 简述激光雷达信号处理的流程。

(2) 完成实验中的测量并记录下不同物体的雷达点云图。

(3) 尝试编写程序实现不同障碍物雷达点云数据的分割。

5.2 基于 Labview 的海洋测控界面编写

5.2.1 实验目的

(1) 了解 Labview 的 TCP 通信节点的使用。

(2) 编写海洋测控界面显示海洋信息(如水深水压、风力、雨量等)。

5.2.2 实验仪器/模块

(1) 海洋通信系统实验平台。

(2) J - Link 仿真器(二次开发)。

(3) PC 机(二次开发)。

5.2.3 TCP 控件原理

TCP/IP 协议是 Internet 最基本的协议,它由低层的 IP 协议和 TCP 协议组成。在 Labview 中,可以采用 TCP/IP 节点来实现局域网通信。在 Labview 中,TCP/IP 节点位于

函数 → 数据通信 → 协议 → TCP 子模板中,Labview 数据通信 TCP 相关控件如图 5.3 所示。

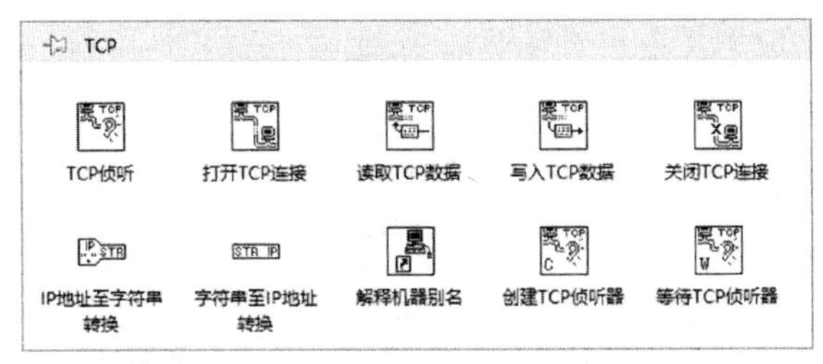

图 5.3 Labview 数据通信 TCP 相关控件

下面介绍这个模板中的相关控件。

1.TCP 侦听

TCP 侦听节点如图 5.4 所示。

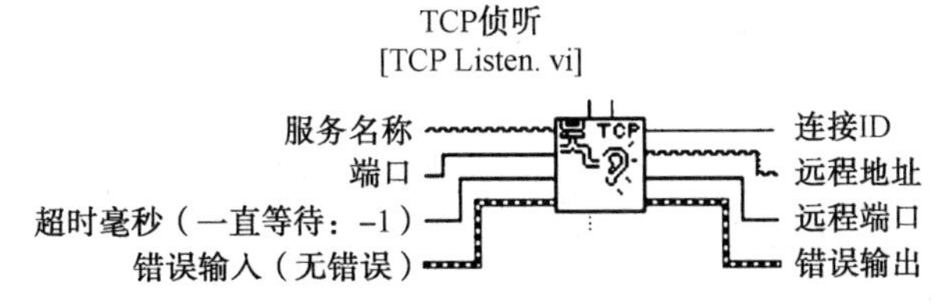

图 5.4 TCP 侦听节点

该节点的功能是创建一个听者,并在指定的端口等待客户端的 TCP 连接请求。

(1) 服务器名称。服务器的 IP 地址或计算机名。

(2) 端口。连接的端口号。

(3) 连接 ID。TCP 连接的标识号。

(4) 远程地址。显示和 TCP 连接的远程计算机的 IP 地址。

(5) 远程端口。显示和 TCP 连接的远程计算机的端口号。

注意:该节点只能应用于服务器端。

2.打开 TCP 连接

打开 TCP 连接节点如图 5.5 所示。

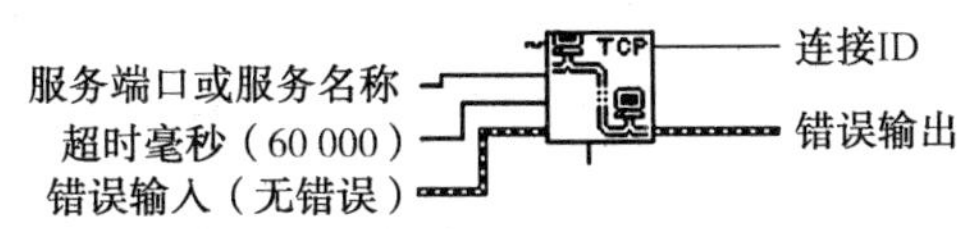

图 5.5 打开 TCP 连接节点

该节点用于指定的计算机和端口打开以 TCP 连接。

(1) 服务器地址。远程服务器地址。

(2) 远程端口。用户欲创建的TCP连接的端口号。

注意:该节点只能应用于客户机端。

3.读取 TCP 数据

读取TCP数据节点如图5.6所示。

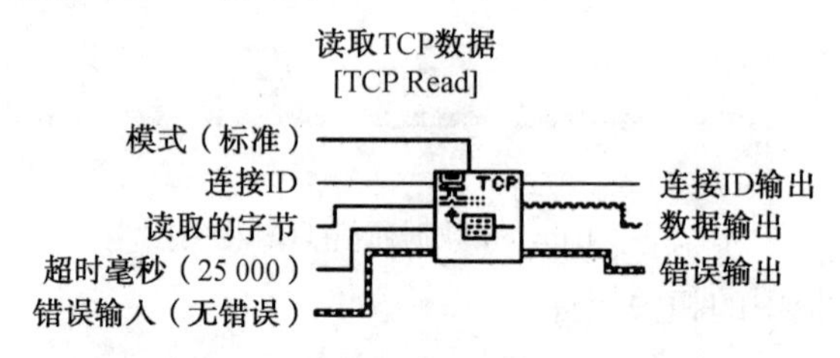

图5.6 读取TCP数据节点

该节点用于从指定的TCP连接中读取数据。

(1) 模式。读数据模式。

(2) 读取的字节。从指定的TCP端口中读取的最多的字节数。

(3) 数据输出。从TCP端口读取的数据。

4.写入 TCP 数据

写入TCP数据节点如图5.7所示。

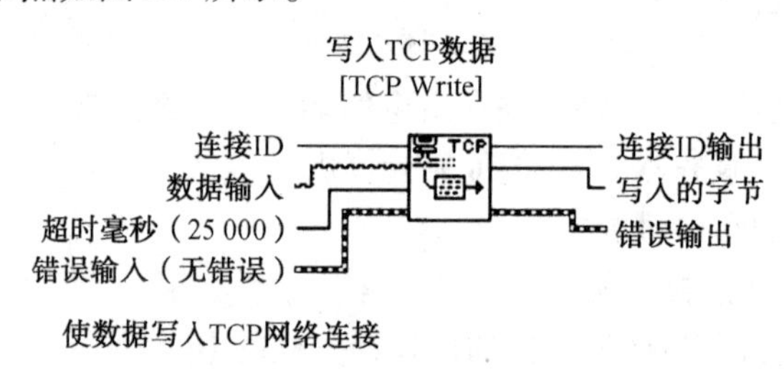

图5.7 写入TCP数据节点

该节点用于向打开的TCP端口写入数据。

(1) 数据输入。将要向TCP端口写入的数据。

(2) 写入的字节。写入到TCP端口的字节数。

5.TCP 关闭

TCP进行通信完后,要将其关闭,TCP关闭节点如图5.8所示。

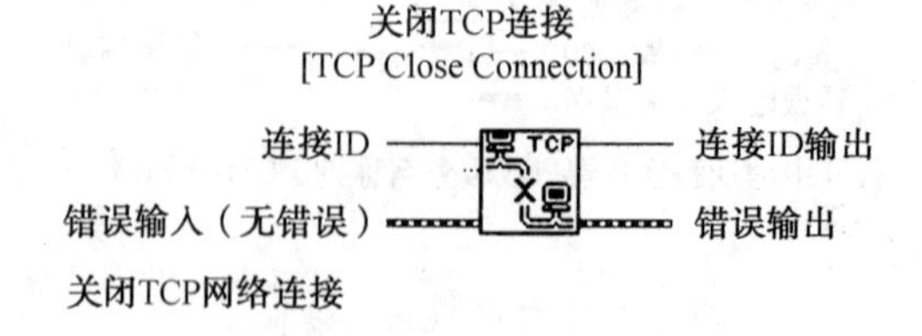

图5.8 TCP关闭节点

该节点用于关闭指定的 TCP 连接。

5.2.4 基于 C/S 模式的网络通信

采用 C/S 模式是 Labview 进行网络通信的最基本结构。由 Labview 产生的数据通过局域网送至客户机并显示的通信流程图如图 5.9 所示。

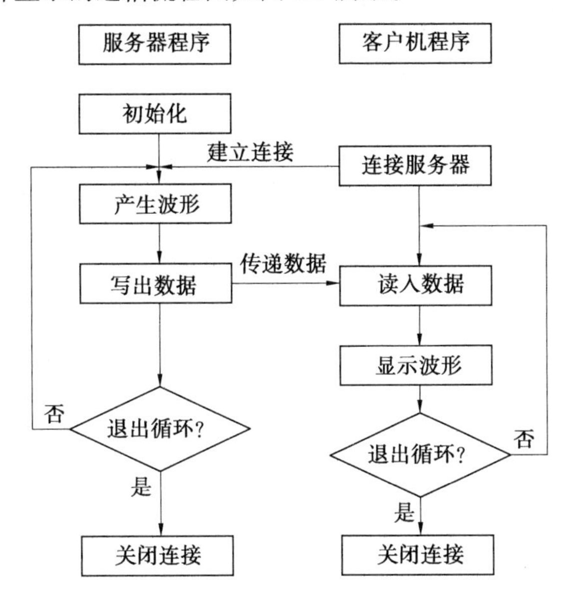

图 5.9　由 Labview 产生的数据通过局域网送至客户机并显示的通信流程图

TCP 通信默认使用的数据类型同样时字符串类型的,所以在进行数据的收发时,都要先将数据转换为字符串类型的数据。而在网络上传输数据时,由于数据传输的两端可能对应不同的硬件平台,采用的存储字节顺序也可能不一致,因此 TCP/IP 协议规定了在网络上必须采用网络字节顺序(也就是大端模式)。

大端模式是指高字节数据存放在低地址处,低字节数据放在高地址处。小端模式是指低字节数据存放在低地址处,高字节数据放在高地址处。LoRa 通过对大小端的存储原理分析可发现,对于 char 型数据,由于其只占一个字节,因此不存在这个问题,这也是一般情况下把数据缓冲区定义成char类型的原因之一。对于 IP 地址、端口号等非 char 型数据,必须在数据发送到网络上之前将其转换成 char 型数据,可以使用强制类型转换控件来进行转换,并使用字节转换控件来将其转换成大端模式,在接收到数据之后再将其转换成符合接收端主机的存储模式。

下面以Labview官方范例TCP客户端为例,讲解TCP接收和发送。Labview自带的TCP客户端范例前面板如图5.10所示,其程序框图如图5.11所示。Labview自带的TCP连接函数的范例见 labview\ examples\ DataCommunication\ Protocols\ TCP\ TCPNamedService 中的 TCP Named Service.lvproj。

首先打开 TCP 连接节点侦听服务器地址和服务名称(或者是端口号),然后将 TCP 连接节点的 ID 输出连接作为连接到数据读取节点的 ID 输入,同时在 TCP 数据读取节点上

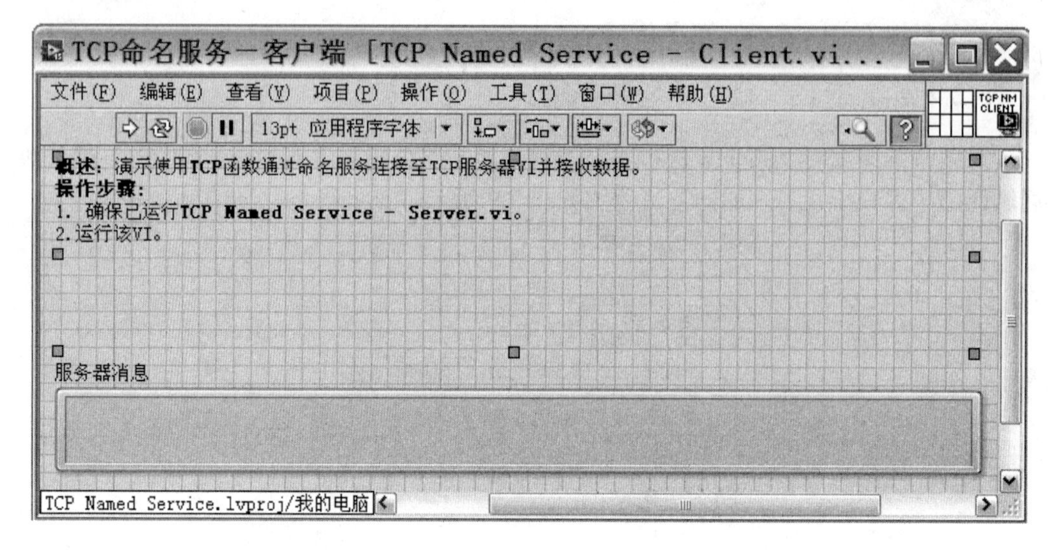

图 5.10 Labview 自带的 TCP 客户端范例前面板

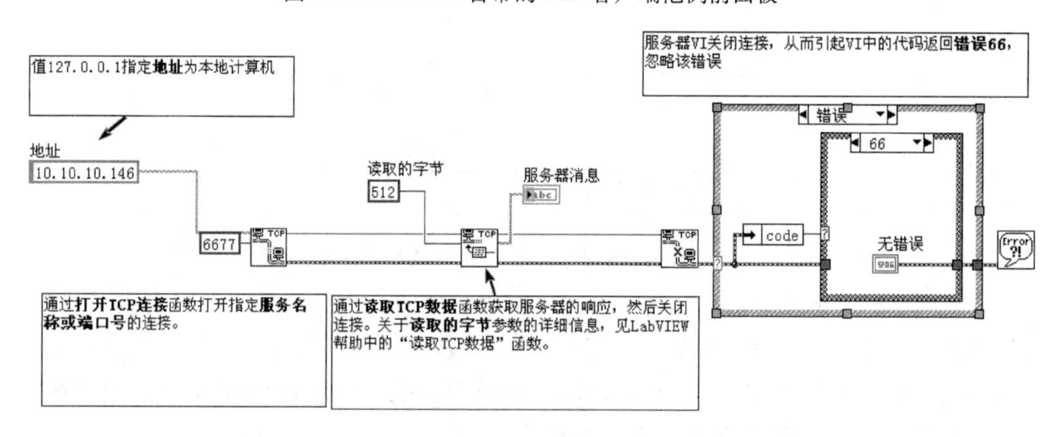

图 5.11 Labview 自带 TCP 客户端范例程序框图

选择需要读取的数据长度，TCP 数据读取节点上的数据输出端就是服务器端发送过来的数据，接收到数据后就通过 TCP 关闭节点关闭此 TCP 连接。如果出现错误，则转入错误处理。

这里描述的只是一次 TCP 数据获取，可用循环运行方式。

水深水压、风力、雨量数据和上位机通信协议见表 5.2。

表 5.2 水深水压、风力、雨量数据与上位机通信协议

a	b	c	d	e	f
帧头（2B）	设备号（1B）	模块号（1B）	数据长度（1B）；e + f	数据（NB）	校验（1B）；a + b + c + e；异或
5aa5	××	××	××	×× …	××

注：雨量与风力的数据格式是一样的。需要注意的是，如果是雨量数据帧，则风力数据可忽略；如果是风力数据帧，则雨量数据可忽略。

5.2.5 实验内容及步骤

(1) 放置有关实验模块。

在关闭系统电源的情况下,按要求放置海洋通信系统实验平台(已放置的可跳过该步骤)。

更换模块需要专用工具,为便于管理,该步骤可由老师在课前完成。

(2) 加电。

打开系统电源开关,通过液晶显示和模块运行指示灯状态,观察实验箱加电是否正常。若加电状态不正常,请立即关闭电源,查找异常原因。

(3) 实验数据观测。

(4) 编写代码。

配置计算机网络地址,每一套设备的 IP 都有区别,参考配置文件。

打开 Labview,利用 TCP 控件创建 TCP 服务器并监听端口,然后将接收到的数据按照表 5.2 协议进行解析,最后在前面板创建显示控件显示水深水压、风力和雨量信息。

(5) 界面参考。

Labview 显示界面参考如图 5.12 所示,是一个激光雷达界面。

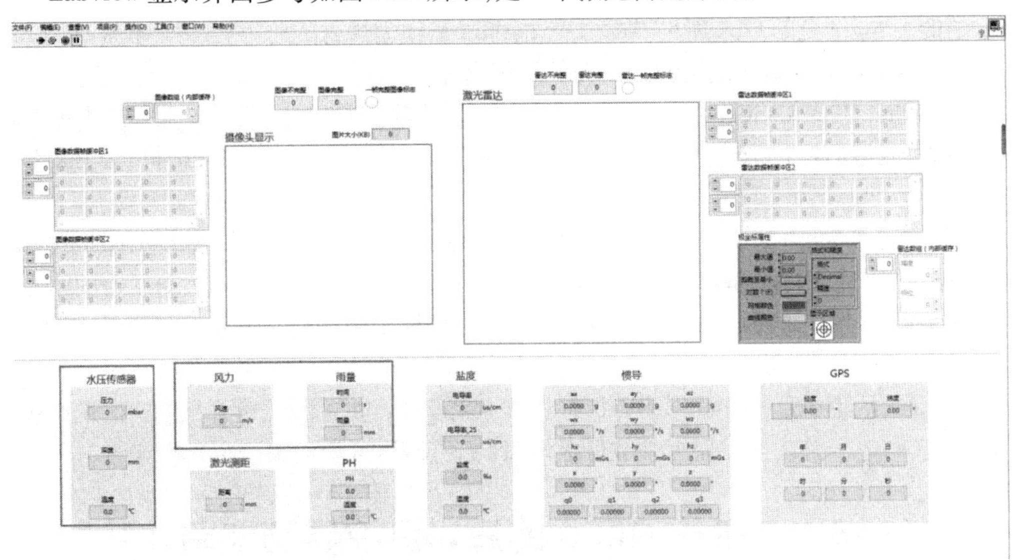

图 5.12 Labview 显示界面参考

5.2.6 实验报告要求

写出水深水压、风力雨量、经过 TCP 数据接收与解析关键部分代码。

5.3 基于 Python 的海洋测控界面编写

Python 开发者都会遇到图形用户界面(Graphical User Interface,GUI)应用开发任

务,这时就需要一些界面库来快速搭建界面。Python 的界面库很多,本书只列出了一部分。

1.Tkinter

Tkinter(又称 Tk 接口)是 Tk 图形用户界面工具包标准的 Python 接口。Tk 是一个轻量级的跨平台 GUI 开发工具。Tk 和 Tkinter 可以运行在大多数的 Unix 平台、Windows 和 Macintosh 系统中。

Tkinter 由一定数量的模块组成。Tkinter 位于一个名为 _tkinter(较早的版本名为 tkinter)的二进制模块中。Tkinter 包含了对 Tk 的低级接口模块,低级接口并不会被应用级程序员直接使用,通常是一个动态链接库,但是在一些情况下也被 Python 解释器静态链接。

2.PyQt

PyQt 是 Qt 库的 Python 版本。PyQt3 支持 Qt1 到 Qt3,PyQt4 支持 Qt4。PyQt 的首次发布在 1998 年,但当时 SIP 和 PyQt 没有分开,所以称为 PyKDE。PyQt 是用 SIP 写的,提供 GPL 版和商业版。

3.WxPython

WxPython 是 Python 语言的一套优秀的 GUI 图形库,允许 Python 程序员很方便地创建完整的、功能健全的 GUI 用户界面。WxPython 是作为优秀的跨平台 GUI 库 WxWidgets 的 Python 封装和 Python 模块的方式提供给用户的。

与 Python 和 WxWidgets 一样,WxPython 也是一款开源软件,并且具有非常优秀的跨平台能力,能够运行在 32 位 Windows、绝大多数 Unix 或类 Unix 系统和 MacintoshOSX 上。

4.Kivy

Kivy 基于 OpenGLES2,支持 Android 和 iOS 平台的原生多点触摸。作为事件驱动的框架,Kivy 非常适合游戏开发,非常适合处理从 Widgets 到动画的任务。如果开发跨平台的图形应用,或者仅仅是需要一个强大的跨平台图形用户开发框架,Kivy 都是不错的选择。

5.Pygame

Pygame 是跨平台 Python 模块,专为电子游戏设计,包含图像、声音,建立在 SDL 基础上,允许实时电子游戏研发而无须被低级语言(如机器语言和汇编语言)束缚。

5.4 基于 OLED 的海洋测控界面编写

5.4.1 实验目的

基于 STM32 将串口接收到的数据显示到有机发光二极管(Organic Light - Emitting Diode,OLED)屏幕上,进行实验数据的显示与控制,从而实现人机交互。

5.4.2 实验原理

OLED 利用了电子发光的特性,当电流通过时,某些材料会发光,而且从每个角度看都比液晶显示器清晰。

1.OLED **显示原理**

有机发光二极管最简单的形式是由一个发光材料层组成,嵌在两个电极之间。输入电压时,载流子运动,穿过有机层,直至电子空穴并重新结合,这样达到能量守恒并将过量的能量以光脉冲形式释放。这时,其中一个电极是透明的,可以看到发出的光。OLED 通常由铟锡氧化物(又称 ITO)组成。

2.OLED **显示材料**

光的颜色与材料有关。一种方法是用小分子层工作,如铝氧化物;另一种方法是将激活的色素嵌入聚合物长链,这种聚合物非常容易溶化,可以制成涂层。

3.OLED **效率更高**

电子流和载流子通常是不等量的。这意味着,占主导地位的载流子穿过整个结构层时,不会遇到从相反方向来的电子,能耗投入大,效率低。如果一个有机层用两个不同的有机层来代替,就可以取得更好的效果。当正极的边界层供应载流子时,负极一侧非常适合输送电子,载流子在两个有机层中间通过时会受到阻隔,直至出现反方向运动的载流子,这样效率就明显提高了。很薄的边界层重新结合后,产生细小的亮点,就能发光。如果有三个有机层,分别用于输送电子、输送载流子和发光,效率就会更高。

4.OLED **发光,而** LCD **不发光**

OLED 液晶显示屏(Liguid Crystal Display,LCD)最大的不同在于,OLED 本身就是光源。在液晶显示器中,输入电压不同,微小的液晶会改变方向,它们会使从背景光源发出的白色光穿过/挡住,这一原理也使视角受到了限制,从侧面看效果很差,或根本看不出来。液晶显示器因为发光的颜色错误而会出现像素差错,而在有机发光二极管中这种错误几乎不会出现。

本章参考文献

[1] 韩骏.Visual Studio Code 权威指南[M].北京:电子工业出版社,2020.
[2] 孙鑫.VC ++ 深入详解[M].3 版.北京:电子工业出版社,2019.
[3] 埃里克.Python 编程:从入门到实践[M].袁国忠,译.2 版.北京:人民邮电出版社,2020.
[4] 王春杰.轻松学 Python 编程[M].北京:中国铁道出版社有限公司,2020.
[5] 杨惠,程常谦.Python 编程从小白到大牛[M].北京:机械工业出版社,2020.
[6] 李力,李贺华.用微课学 Python 云开发技术应用[M].北京:电子工业出版社,2021.
[7] 仇丹丹.云技术及大数据在高校生活中的应用[M].天津:天津科学技术出版社,2021.
[8] 田民波.图解 OLED 显示技术[M].北京:化学工业出版社,2019.
[9] 仇国巍.Qt 图形界面编程入门[M].北京:清华大学出版社,2017.
[10] 孟祥旭,李学庆,杨承磊,等.人机交互基础教程[M].3 版.北京:清华大学出版社,2016.
[11] 宋铭.LabVIEW 编程详解[M].北京:电子工业出版社,2017.

第 6 章　海洋探测技术综合应用

6.1　基于 CMOS 图像传感器的水下环境监测实验

6.1.1　图像传感器原理

CMOS 图像传感器是一种典型的固体成像传感器,通常由像敏单元阵列、行驱动器、列驱动器、时序控制逻辑、AD 转换器、数据总线输出接口、控制接口等几部分组成。这几部分通常都被集成在同一块硅片上,其工作过程一般可分为复位、光电转换、积分、读出几部分。

更确切地说,CMOS 图像传感器应当是一个图像系统。事实上,当一位设计者购买了 CMOS 图像传感器后,他得到的是一个包括图像阵列逻辑寄存器、存储器、定时脉冲发生器和转换器在内的全部系统。

1.MOS 管的像元结构

MOS 的像元结构剖面图如图 6.1 所示。在光积分期间,MOS 三极管截止,光敏二极管随入射光的强弱产生对应的载流子并存储在源极的 PN 结部位上。

当积分期结束时,扫描脉冲加在 MOS 三极管的栅极上,使其导通,光敏二极管复位到参考电位,并引起视频电流在负载上流过,其大小与入射光强对应。

MOS 三极管源极 PN 结起光电变换和载流子存储作用,当栅极加有脉冲信号时,视频信号被读出。

2.CMOS 图像传感器阵列结构

CMOS 像敏元阵列结构示意图如图 6.2 所示,各 MOS 晶体管在水平和垂直扫描电路的脉冲驱动下起开关作用。MOS 管在水平垂直脉冲作用下依次按时序节拍选中 MOS 管。每个像元由光敏二极管和起垂直开关作用的 MOS 晶体管组成,在水平移位寄存器产生的脉冲作用下顺次接通水平开关,在垂直移位寄存器产生的脉冲作用下接通垂直开关,于是顺次给像元的光敏二极管加上参考电压(偏压)。被光照的二极管产生载流子使结电容放电,这就是积分期间信号的积累过程。而上述接通偏压的过程同时也是信号读出过程。在负载上形成的视频信号大小正比于该像元上的光照强弱。

3.CMOS 图像传感器的工作原理及流程

(1) 外界光照射像素阵列发生光电效应,在像素单元内产生相应的电荷。外部景物通过成像透镜聚焦到图像传感器阵列上,而图像传感器阵列是一个二维的像素阵列,每一个像素上都包括一个光敏二极管,每个像素中的光敏二极管将其阵列表面的光强转换为电信号。

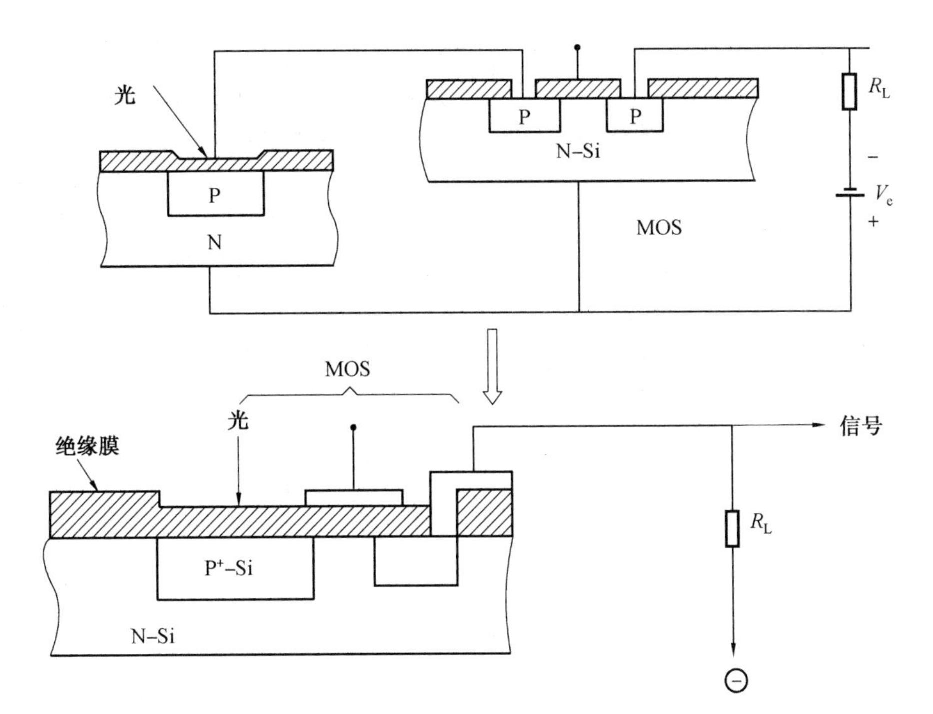

图 6.1 MOS 管的像元结构剖面图

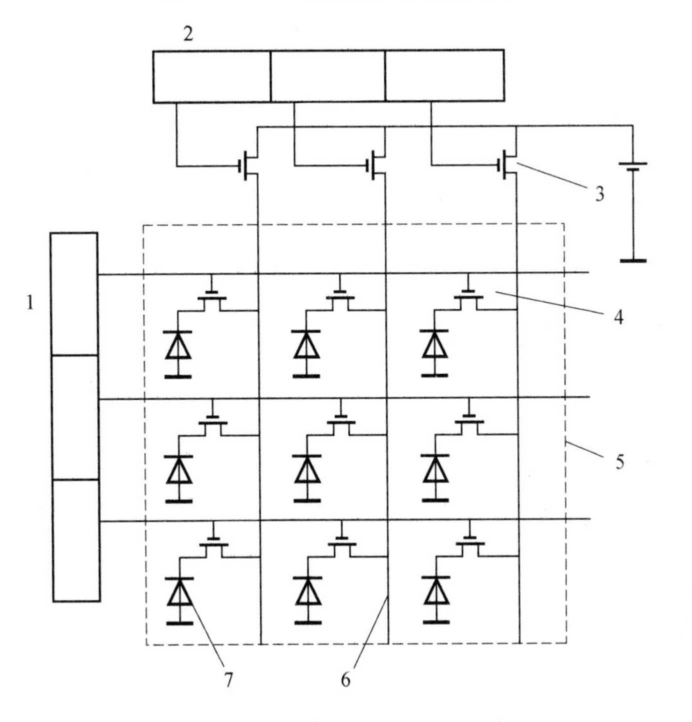

图 6.2 CMOS 像敏元阵列结构示意图

1— 垂直移位寄存器;2— 水平移位寄存器;3— 水平扫描开关;

4— 垂直扫描开关;5— 像敏元阵列;6— 信号线;7— 像敏元

(2) 通过行选择电路和列选择电路选取希望操作的像素,并将像素上的电信号读取出来。在选通过程中,行选择逻辑单元可以对像素阵列逐行扫描也可隔行扫描,列同理。行选择逻辑单元与列选择逻辑单元配合使用可以实现图像的窗口提取功能。

(3) 把相应的像素单元进行信号处理。行像素单元内的图像信号通过各自所在列的信号总线,传输到对应的模拟信号处理单元及 A/D 转换器,转换成数字图像信号输出。其中,模拟信号处理单元的主要功能是对信号进行放大处理,并且提高信噪比。像素电信号放大后送相关双采样电路处理,相关双采样是高质量器件用来消除一些干扰的重要方法。其基本原理是由图像传感器引出两路输出,一路为实时信号,另外一路为参考信号,通过两路信号的差分去掉相同或相关的干扰信号,然后信号输出到 A/D 转换器上变换成数字信号输出。

CMOS 图像传感器作为最常见的固态图像传感器之一,具备集成度高、成本低、功耗低和信号读出速度快等优异性能。相对于电荷耦合器件(Charge Coupled Device,CCD)而言,CMOS 图像传感器更加适合于在消费电子、激光雷达、安防及医疗等领域的应用。

6.1.2 OV2640 特点与模块实现

(1) 高灵敏度、低电压适合嵌入式应用。

(2) 标准的 SCCB 接口,兼容 I^2C 接口。

(3) OV2640 模块支持 RawRGB、RGB(RGB565/RGB555)、RGB422、YUV(422/420)和 YCbCr(422) 输出格式。

(4) 支持 UXGA、SXGA、SVGA 及按比例缩小到从 SXGA 到 40 × 30 的任何尺寸。

(5) 支持自动曝光控制、自动增益控制、自动白平衡、自动消除灯光条纹、自动黑电平校准等自动控制功能,同时支持色饱和度、色相、伽马、锐度等设置。

(6) 支持闪光灯。

(7) 支持图像缩放、平移和窗口设置。

(8) 支持图像压缩,即可输出 JPEG 图像数据。

(9) 自带嵌入式微处理器。

OV2640 的功能模块如下。

1.感光阵列(Image Array)

OV2640 总共有 1 632 × 1 232 个像素,最大输出尺寸为 UXGA(1 600 × 1 200),即 200 万像素。

2.模拟信号处理(Analog Processing)

模拟信号处理所有模拟功能,并包括模拟放大(AMP)、增益控制、通道平衡和平衡控制等。

3.10 位 A/D 转换(A/D)

原始的信号经过模拟放大后,分 G 和 BR 两路进入一个 10 位的 A/D 转换器,A/D 转换器工作频率高达 20 MHz,与像素频率完全同步(转换的频率与帧率有关)。除 A/D 转换器外,该模块还有黑电平校正功能。

4.数字信号处理器(DSP)

这个部分控制由原始信号插值到 RGB 信号的过程,并控制一些图像质量。

(1) 边缘锐化(二维高通滤波器)。

(2) 颜色空间转换(原始信号到 RGB 或者 YUV/YCbYCr)。

(3) RGB 色彩矩阵以消除串扰。

(4) 色相和饱和度的控制。

(5) 黑/白点补偿。

(6) 降噪。

(7) 镜头补偿。

(8) 可编程的伽玛。

(9) 十位到八位数据转换。

5.输出格式模块(Output Formatter)

该模块按设定优先级控制图像的所有输出数据及其格式。

6.压缩引擎(Compression Engine)

压缩引擎主要包括 DCT、QZ 和熵编码器三部分,将原始的数据流压缩成 JPEG 数据输出。

7.微处理器(Micro Controller)

OV2640 自带了一个 8 位微处理器,该处理器有 512 B 的 SRAM 和 4 KB 的 ROM,它提供一个灵活的主机到控制系统的指令接口,同时也具有细调图像质量的功能。

8.SCCB 接口(SCCB Interface)

SCCB 接口控制图像传感器芯片的运行。

9.数字视频接口(Digital Video Port)

OV2640 摄像头模块拥有一个 10 位数字视频接口(支持 8 位接法),其 MSB 和 LSB 可以程序设置先后顺序,ALIENTEKOV2640 模块采用默认的 8 位连接方式。

6.1.3 CMOS 图像传感器电路分析

OV2640 摄像头模块自带了有源晶振,用于产生时钟作为 OV2640 的 XVCLK 输入,同时自带了稳压芯片与电压调整器,用于提供 OV2640 稳定的 2.8 V 和 1.3 V 工作电压,模块通过一个 2 × 9 的双排排针(P1) 与外部通信,其电路图如图 6.3 所示。

OV2640 的数据读取可通过 VSYNC、HREF、PCLK 几个引脚的输入控制。VSYNC 低电平时,输出图像数据;高电平时,做帧同步信号。HREF 为高时,数据有效;HREF 为低时,数据无效。PCLK 下降沿时,OV2640 更新数据到 OV_D0 ~ D7,所以 MCU 在 PCLK 的上升沿读取数据。以行为单位,每输出一行数据,即一个 HREF 周期。重复 N 次,则读取 N 行数据,每行中的像素读取靠 PCLK 调节。当一帧图像读取完成时,VSYNC 变为高电平;当 VSYNC 再次变低时,开始下一帧数据输出循环。一次数据输出多少行、每一行多少个像素则是根据设定的图像输出大小(分辨率) 来确定的。

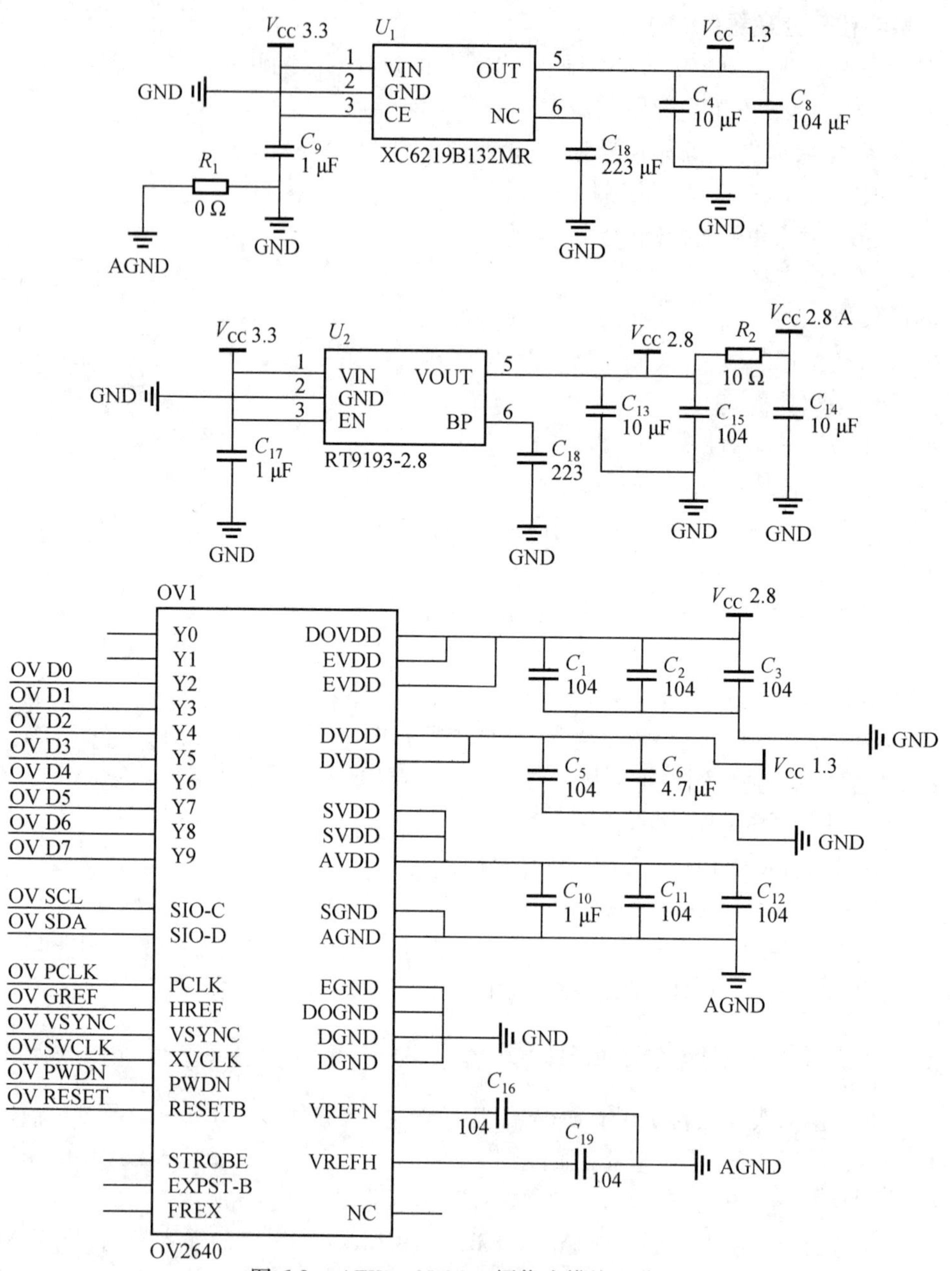

图 6.3 ATK - OV2640 摄像头模块电路图

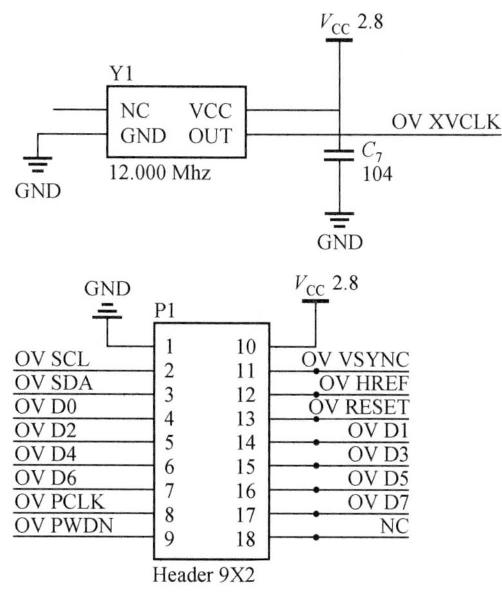

续图 6.3

6.1.4 实验目的

(1) 了解 CMOS 图像传感器模块的使用方法和电路设计。

(2) 了解 JPEG 文件格式。

6.1.5 实验仪器 / 模块

(1) 海洋通信实验平台。

(2) 实验模块。

① 图像模块;

②LoRa 模块。

(3)J - Link 仿真器(二次开发)。

(4)PC 机(二次开发)。

6.1.6 实验原理

1.OV2640 图像传感器简介

在各类信息中,图像含有最丰富的信息。作为机器视觉领域的核心部件,摄像头被广泛地应用在安防、探险及车牌检测等场合。摄像头按输出信号的类型来看可以分为数字摄像头和模拟摄像头,按照摄像头图像传感器材料构成来看可以分为 CCD 和 CMOS。现在智能手机的摄像头绝大部分都是 CMOS 类型的数字摄像头。

数字摄像头与模拟摄像头在输出信号类型、接口类型和分辨率上有很大区别。

(1) 输出信号类型。

数字摄像头输出信号为数字信号,模拟摄像头输出信号为标准的模拟信号。

（2）接口类型。

数字摄像头有USB接口（如常见的PC端免驱摄像头）、IEE1394火线接口（由苹果公司领导的开发联盟开发的一种高速度传送接口，数据传输率高达800 Mbit/s）和千兆网接口（网络摄像头）。模拟摄像头多采用AV视频端子（信号线＋地线）或S－VIDEO（是一种五芯的接口，由两路视频亮度信号、两路视频色度信号和一路公共屏蔽地线共五条芯线组成）。

（3）分辨率。

模拟摄像头的感光器件，其像素指标一般维持在752×582左右的水平，像素数一般情况下维持在41万左右。现在的数字摄像头分辨率一般从数十万到数千万像素，但这并不能说明数字摄像头的成像分辨率就比模拟摄像头的高，其原因是模拟摄像头输出的是模拟视频信号，一般直接输入至电视或监视器，其感光器件的分辨率与电视信号的扫描数呈一定的换算关系，图像的显示介质已经确定，因此模拟摄像头的感光器件分辨率不是不能做高，而是依据于实际情况没必要做这么高。

本次实验采用的是OV2640 CMOS类型数字图像传感器，OV2640摄像头模块实物图如图6.4所示。该传感器支持输出最大为200万像素的图像（1 600×1 200），支持使用VGA时序输出图像数据，输出图像的数据格式支持YUV（422/420）、YCbCr422、RGB565及JPEG格式，若直接输出JPEG格式的图像，可大大减少数据量，方便网络传输。它还可以对采集得的图像进行补偿，支持伽玛曲线、白平衡、饱和度、色度等基础处理。根据不同的分辨率配置，传感器输出图像数据的帧率从15～60帧可调，工作时功率在125～140 mW范围内。

图6.4 OV2640摄像头模块实物图

OV2640具有以下一系列特点：高灵敏度、低电压适合嵌入式应用；标准的SCCB接口，兼容I^2C接口；支持RawRGB、RGB（RGB565/RGB555）、GRB422、YUV（422/420）和YCbCr（422）输出格式；支持UXGA、SXGA、SVGA及按比例缩小到从SXGA到40×30的任何尺寸；支持自动曝光控制、自动增益控制、自动白平衡、自动消除灯光条纹、自动黑电平校准等自动控制功能；同时支持色饱和度、色相、伽马、锐度等设置；支持闪光灯；支持图像缩放、平移和窗口设置；支持图像压缩，即可输出 JPEG 图像数据；自带嵌入式微处理器。

OV2640 摄像头模块的所有配置都是通过 SCCB 总线来实现的。SCCB(Seril Camera Control Bus)，即串行摄像头控制总线，它由两条数据线组成：一个是用于传输时钟信号的 SIO_C(即 OV_SCL)；另一个是用于传输数据信号的 SIO_D(即 OV_SDA)。

SCCB 的传输协议与 I^2C 协议极其相似，只不过 I^2C 协议在每传输完一个字节后，接收数据的一方要发送一位的确认数据，而 SCCB 一次要传输 9 位数据，前 8 位为有用数据，而第 9 位数据在写周期中是 don't care 位(即不必关心位)，在读周期中是 NA 位。SCCB 定义数据传输的基本单元为相(Phase)，即一个相传输一个字节数据。

SCCB 只包括三种传输周期，即 3 相写传输周期(三个相依次为设备从地址、内存地址、所写数据)、2 相写传输周期(两个相依次为设备从地址、内存地址)和 2 相读传输周期(两个相依次为设备从地址、所读数据)。当需要写操作时，应用 3 相写传输周期；当需要读操作时，依次应用 2 相写传输周期和 2 相读传输周期。

2.OV2640 模块的数据接收与解析

(1) 接收与解析。

OV2640 是 OmniVision 公司生产的一个 1/4 in 的 CMOS UXGA(1 632 × 1 232) 图像传感器。该传感器体积小、工作电压低，提供单片 UXGA 摄像头和影像处理器的所有功能，通过 SCCB 总线控制，可以输出整帧、子采样、缩放和取窗口等方式的各种分辨率 8/10 位影像数据。UXGA 最高 15 帧/s(SVGA 可达 30 帧/s，CIF 可达 60 帧/s)。

OV2640 模块通过 DCMI 接口和单片机通信，并且由单片机的 DMA 接收并保存完整一帧 JPEG 图片，然后通过 LoRa 将图片拆分为多帧分别上传到网关并做后续处理。

(2) 例程中解析代码。

因篇幅较多，请参考 vCamara_Init()、DCMI_IRQHandler()、camara_test() 函数。

6.1.7 实验内容及步骤

1.实验准备

(1) 放置有关实验模块。

在关闭系统电源的情况下，按要求放置下列实验模块(已放置的可跳过该步骤)：

① 图像模块；

②LoRa 模块。

更换模块需要专用工具，为便于管理，该步骤可由老师在课前完成。

(2) 加电。

打开系统电源开关，通过液晶显示和模块运行指示灯状态，观察实验箱加电是否正常。若加电状态不正常，请立即关闭电源，查找异常原因。

2.实验数据观测

(1) 编写代码。

打开 keil5，参考所给例程独立编写使用图像模块的代码，实现功能。

(2) 烧写程序。

代码编写完成后,用USB线连接J - Link仿真器和电脑,并把J - Link仿真器和图像模块所在STM32连接,最后下载程序至单片机。

(3) 观察数据。

进入调试模式,观察jpeg_buf[ ]数组存放的是一帧JPEG格式图像,图像信息可以在PC机的上位机中显示出来。

(4) 实验结束。

实验结束,关闭电源,并按要求放置好实验附件和实验模块。

6.1.8 实验报告要求

(1) 简述图像传感器的工作原理及OV2640使用方法。

(2) 画出图像传感器的应用原理图。

(3) 简述OV2640模块通信方式。

6.2 基于神经网络鱼群识别

6.2.1 实验目的和软件

(1) 海洋通信实验平台。

(2) 实验模块。

① 图像模块。

②LoRa模块。

(3)J - Link仿真器(二次开发)。

(4)PC机(二次开发)。

6.2.2 实验原理

利用类似手写体字符识别神经网络技术,实现对不同海洋生物的识别(图6.5),建议用Python实现。如果时间充裕,可以用摄像头实现,要求识别带鱼、海龟、黄鱼、比目鱼、八爪鱼、海参等海洋生物。

神经网络识别方法是近年该研究领域的一种新方法,该方法具有一些传统技术所没有的优点:容错能力良好、分类能力强、具有并行处理和自学习能力,并且是离线训练和在线识别的。这些优点使它在手写体字符的识别中能对大量数据进行快速实时处理,并达到良好的识别效果。

20世纪90年代以来,人工神经网络(Artificial Neuron Network,ANN)技术发展十分迅速,它具有模拟人类部分形象思维的能力,是一种模仿人脑学习、记忆、推理等认知功能的新方法。人工神经网络是由一些类似人脑神经元的简单处理单元相互连接而成的复杂网络。已涌现出许多不同类型的ANN及相应的学习算法,其中BP网络及学习算法得到了广泛关注和研究,并在数字识别方面取得了许多有意义的应用成果。由于手写体数字

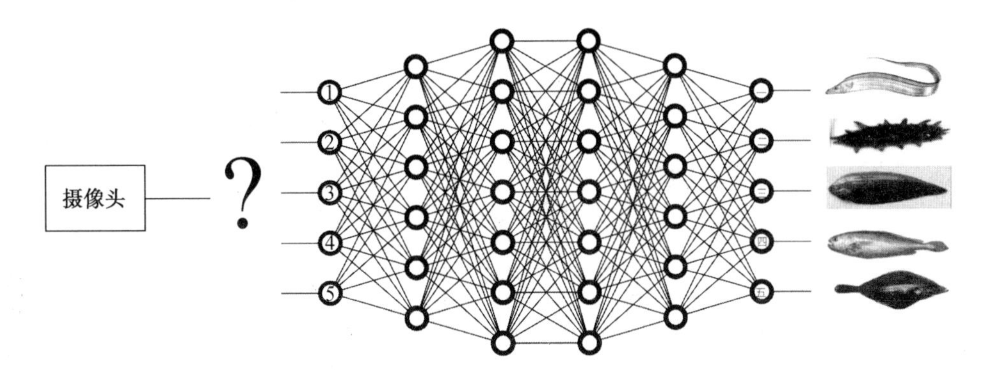

图 6.5 利用神经网络实现手写体识别

识别难以建立精确的数学模型,因此本小组采用 BP 神经网络对这一问题进行处理。

6.2.3 实验内容及步骤

(1) 放置有关实验模块

在关闭系统电源的情况下,按要求放置下列实验模块(已放置的可跳过该步骤):

① 图像模块;

②LoRa 模块。

更换模块需要专用工具,为便于管理,该步骤可由老师在课前完成。

(2) 神经网络算法。

基于BP神经网络和CNN卷积神经网络算法的神经网络结构如图6.6所示。其中,基本 BP 算法包括两个方面:信号的前向传播和误差的反向传播。即计算实际输出时按从输入到输出的方向进行,而权值和阈值的修正按从输出到输入的方向进行。神经网络数学表达式如下。

图6.6中,x_j 表示输入层第j个节点的输入,$j=1,\cdots,M$;w_{ij} 表示隐含层第i个节点到输入层第j个节点之间的权值;θ_i 表示隐含层第i个节点的阈值;$\phi(x)$ 表示隐含层的激励函数;w_{ki} 表示输出层第k个节点到隐含层第i个节点之间的权值,$i=1,\cdots,q$;α_k 表示输出层第k个节点的阈值,$k=1,\cdots,L$;$\psi(x)$ 表示输出层的激励函数;o_k 表示输出层第k个节点的输出。

① 信号的前向传播过程。

隐含层第 i 个节点的输入 net_i 为

$$\mathrm{net}_i = \sum_{j=1}^{M} w_{ij}x_j + \theta_i \tag{6.1}$$

隐含层第 i 个节点的输出 y_i 为

$$y_i = \phi(net_i) = \phi\left(\sum_{j=1}^{M} w_{ij}x_j + \theta_i\right) \tag{6.2}$$

输出层第 k 个节点的输入 net_k 为

$$\mathrm{net}_k = \sum_{i=1}^{q} w_{ki}y_i + \alpha_k = \sum_{i=1}^{q} \phi\left(\sum_{j=1}^{M} w_{ij}x_j + \theta_i\right) + \alpha_k \tag{6.3}$$

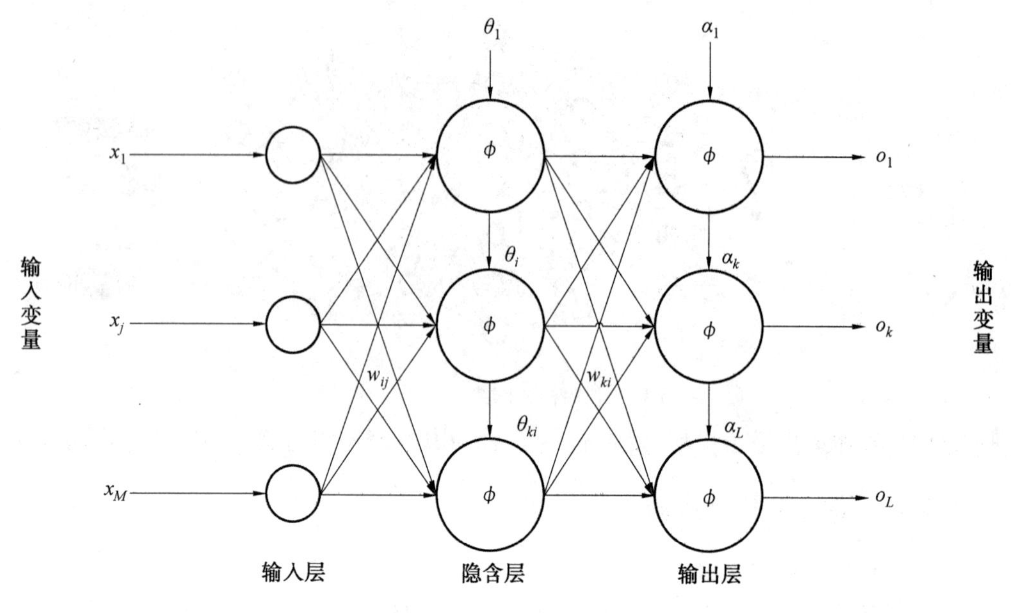

图 6.6　神经网络结构

输出层第 k 个节点的输出 o_k 为

$$o_k = \Psi(\mathrm{net}_k) = \Psi\left(\sum_{i=1}^{q} w_{ki}y_i + \alpha_k\right) = \Psi\left(\sum_{i=1}^{q} w_{ki}\phi\left(\sum_{j=1}^{M} w_{ij}x_j + \theta_i\right) + \alpha_k\right) \tag{6.4}$$

② 误差的反向传播过程。

误差的反向传播即首先由输出层开始逐层计算各层神经元的输出误差,然后根据误差梯度下降法来调节各层的权值和阈值,使修改后的网络的最终输出能接近期望值。

对于每一个样本 p 的二次型误差准则函数为 E_p,有

$$E_p = \frac{1}{2}\sum_{k=1}^{L}(T_k - o_k)^2 \tag{6.5}$$

系统对 p 个训练样本的总误差准则函数为

$$E = \frac{1}{2}\sum_{p=1}^{p}\sum_{k=1}^{L}(T_k^p - o_k^p)^2 \tag{6.6}$$

根据误差梯度下降法依次修正输出层权值的修正量 Δw_{ki},输出层阈值的修正量 $\Delta\alpha_k$、隐含层权值的修正量 Δw_{ij} 和隐含层阈值的修正量 $\Delta\theta_i$ 为

$$\Delta w_{ki} = -\eta\frac{\partial E}{\partial w_{ki}};\Delta\alpha_k = -\eta\frac{\partial E}{\partial a_k};\Delta w_{ij} = -\eta\frac{\partial E}{\partial w_{ij}};\Delta\theta_i = -\eta\frac{\partial E}{\partial\theta_i} \tag{6.7}$$

输出层权值调整为

$$\Delta w_{ki} = -\eta\frac{\partial E}{\partial w_{ki}} = -\eta\frac{\partial E}{\partial \mathrm{net}_k}\frac{\partial \mathrm{net}_k}{\partial w_{ki}} = -\eta\frac{\partial E}{\partial o_k}\frac{\partial o_k}{\partial \mathrm{net}_k}\frac{\partial \mathrm{net}_k}{\partial w_{ki}} \tag{6.8}$$

输出层阈值调整为

$$\Delta\alpha_k = -\eta\frac{\partial E}{\partial a_k} = -\eta\frac{\partial E}{\partial \mathrm{net}_k}\frac{\partial \mathrm{net}_k}{\partial a_k} = -\eta\frac{\partial E}{\partial o_k}\frac{\partial o_k}{\partial \mathrm{net}_k}\frac{\partial \mathrm{net}_k}{\partial a_k} \tag{6.9}$$

隐含层权值调整为

$$\Delta w_{ij} = -\eta \frac{\partial E}{\partial w_{ij}} = -\eta \frac{\partial E}{\partial \mathrm{net}_i} \frac{\partial \mathrm{net}_i}{\partial w_{ij}} = -\eta \frac{\partial E}{\partial y_i} \frac{\partial y_i}{\partial \mathrm{net}_i} \frac{\partial \mathrm{net}_i}{\partial \theta_i} \tag{6.10}$$

隐含层阈值调整为

$$\Delta \theta_i = -\eta \frac{\partial E}{\partial \theta_i} = -\eta \frac{\partial E}{\partial \mathrm{net}_i} \frac{\partial \mathrm{net}_i}{\partial \theta_i} = -\eta \frac{\partial E}{\partial y_i} \frac{\partial y_i}{\partial \mathrm{net}_i} \frac{\partial \mathrm{net}_\mathrm{i}}{\partial \theta_i} \tag{6.11}$$

又有

$$\frac{\partial E}{\partial o_k} = -\sum_{p-1}^{p} \sum_{k=1}^{L} (T_k^p - o_k^p) \tag{6.12}$$

$$\frac{\partial \mathrm{net}_k}{\partial w_{ki}} = y_i, \frac{\partial \mathrm{net}_k}{\partial a_k} = 1, \frac{\partial \mathrm{net}_i}{\partial w_{ij}} = x_j, \frac{\partial \mathrm{net}_i}{\partial \theta_i} = 1 \tag{6.13}$$

$$\frac{\partial E}{\partial y_i} = -\sum_{p-1}^{p} \sum_{k=1}^{L} (T_k^p - o_k^p) \cdot \Psi'(\mathrm{net}_k) \cdot w_{ki} \tag{6.14}$$

$$\frac{\partial y_i}{\partial \mathrm{net}_i} = \phi'(\mathrm{net}_i) \tag{6.15}$$

$$\frac{\partial o_k}{\partial \mathrm{net}_k} = \Psi'(\mathrm{net}_k) \tag{6.16}$$

所以最后得到以下公式：

$$\Delta w_{ki} = \eta \sum_{p-1}^{P} \sum_{k=1}^{L} (T_k^p - o_k^p) \cdot \Psi'(\mathrm{net}_k) \cdot y_i \tag{6.17}$$

$$\Delta a_k = \eta \sum_{p-1}^{p} \sum_{k=1}^{L} (T_k^p - o_k^p) \cdot \Psi'(\mathrm{net}_k) \tag{6.18}$$

$$\Delta w_{ij} = \eta \sum_{p-1}^{p} \sum_{k=1}^{L} (T_k^p - o_k^p) \cdot \Psi'(\mathrm{net}_k) \cdot w_{ki} \cdot \phi'(\mathrm{net}_i) \cdot x_j \tag{6.19}$$

$$\Delta \theta_i = \eta \sum_{p-1}^{p} \sum_{k=1}^{L} (T_k^p - o_k^p) \cdot \Psi'(\mathrm{net}_k) \cdot w_{ki} \cdot \phi'(\mathrm{net}_i) \tag{6.20}$$

6.2.4 实验报告要求

(1) 理解神经网络算法。
(2) 对海洋常见生物特征加深理解。

6.3 多传感器海水温度测量

6.3.1 实验目的

(1) 掌握温度传感器测温原理。
(2) 利用多个温度传感器测量不同水域的温度。

6.3.2 实验仪器/模块

(1) 实验模块。

① 信号处理与探测信号显示模块。

② 模拟海洋通信系统模块。

③pH 值模块。

④ 盐度模块。

⑤ 惯导模电。

⑥LoRa 模块。

(2)J - Link 仿真器(二次开发)。

(3)PC 机(二次开发)。

6.3.3 实验原理

1.温度传感器

海洋环境探测实验中,常用温度传感器、pH 值模块、盐度模块、惯导模块等。pH 值模块和盐度模块上的温度传感器为 DS18B20 数字温度传感器,惯导模块内部集成了温度测量单元,可通过解析惯导模块输出数据获得。DS18B20 介绍如下。

DS18B20数字温度计是DALLAS公司生产的1 - Wire,即单总线器件,具有线路简单、体积小的特点。因此,用它来组成一个测温系统具有线路简单的优点,在一根通信线可以挂很多这样的数字温度计,十分方便。

TO - 92 封装的 DS18B20 引脚排列如图 6.7 所示,其引脚功能描述见表 6.1。

图 6.7 DS18B20 引脚排列

表 6.1 DS18B20 详细引脚功能描述

序号	名称	引脚功能描述
1	GND	地信号
2	DQ	数据输入/输出引脚,开漏单总线接口引脚,当被用在寄生电源下时,也可以向器件提供电源
3	VDD	可选择的 VDD 引脚,当工作于寄生电源时,此引脚必须接地

由于 DS18B20 是在一根 I/O 线上读写数据,因此对读写的数据位有着严格的时序要求,DS18B20 的复位时序图如图 6.8 所示。DS18B20 有严格的通信协议来保证各位数据传输的正确性和完整性。该协议定义了几种信号的时序:初始化时序、读时序、写时序。所有时序都是将主机作为主设备,单总线器件作为从设备。而每一次命令和数据的传输都是从主机主动启动写时序开始的,如果要求单总线器件回送数据,则在进行写命令后,主

机需启动读时序完成数据接收。数据和命令的传输都是低位在先。

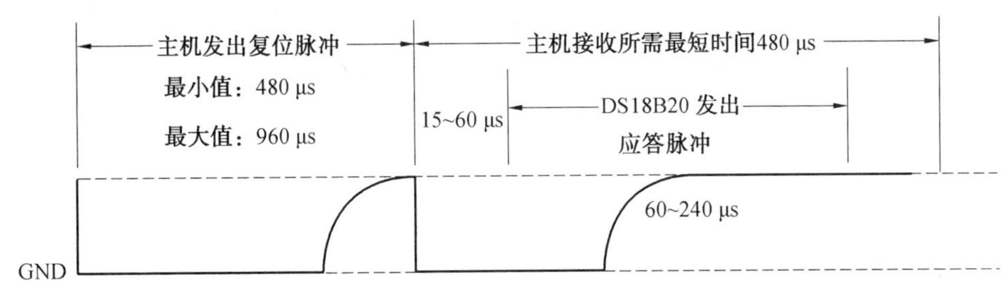

图 6.8 DS18B20 的复位时序图

DS18B20 的读时序分为读 0 时序和读 1 时序两个过程，如图 6.9 所示。

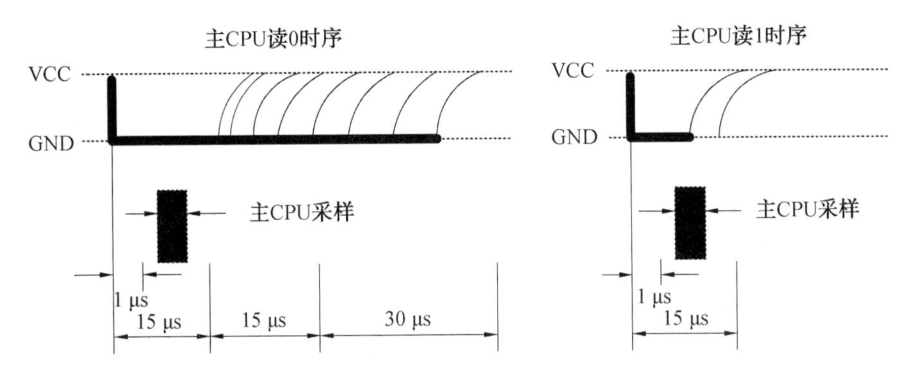

图 6.9 DS18B20 的读时序

DS18B20 的读时序是从主机把单总线拉低之后，在 15 μs 之内就要释放单总线，以让 DS18B20 把数据传输到单总线上。DS18B20 在完成一个读时序过程中，至少需要 60 μs 才能完成。

DS18B20 的写时序仍然分为写 0 时序和写 1 时序两个过程，如图 6.10 所示。

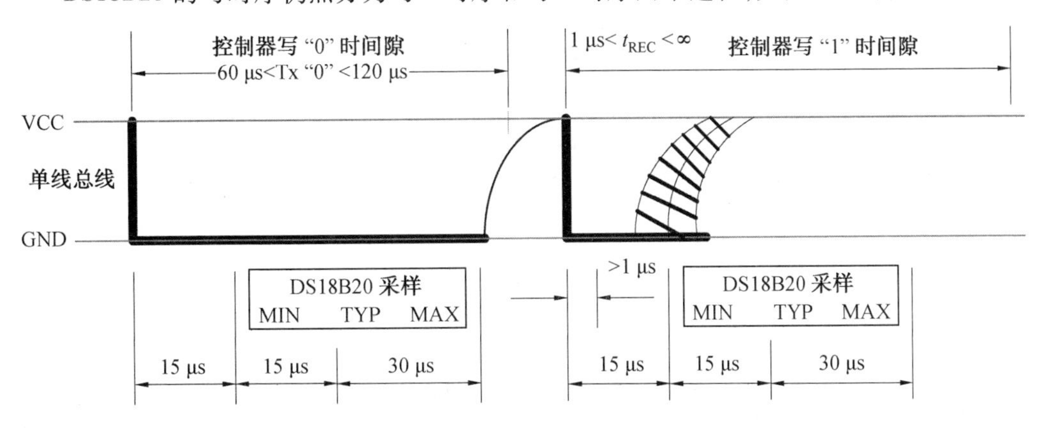

图 6.10 DS18B20 的写时序

DS18B20 写 0 时序和写 1 时序的要求不同：当要写 0 时序时，单总线要被拉低至少 60 μs，保证 DS18B20 能够在 15 ~ 45 μs 内正确地采样 I/O 总线上的“0” 电平；当要写 1 时序时,单总线被拉低之后,在 15 μs 之内就释放单总线。

由于总线式模块上只挂载一个温度传感器,因此参照 DS18B20 数据手册可以通过以下流程读取温度数据。DS18B20 读取温度数据过程是初始化→ROM 操作命令→存储器操作命令→执行/数据。

① 复位 DS18B20,等待应答脉冲。

② 发送 ROM 命令 0xCC 跳过 ROM 阶段。

③ 发送开始转换命令 0x44。

④ 再次复位 DS18B20,并且等待应答脉冲。

⑤ 再次发送 ROM 命令 0xCC 跳过 ROM 阶段。

⑥ 发送获取温度数据命令 0xBE。

⑦ 读取 2 B 温度数据,然后转换成温度值。

2.多传感器通信流程

pH 值模块、盐度模块和惯导模块作为三个 LoRa 节点,将温度数据上传至 LoRa 网关(模拟海洋通信系统),然后由四种传输方式将数据上传至接收端(信号处理与探测信号显示模块),最后由网络传送至计算机并在上位机显示出来。

6.3.4 实验内容及步骤

1.实验准备

(1) 放置有关实验模块。

在关闭系统电源的情况下,按要求放置下列实验模块(已放置的可跳过该步骤):

①pH 值模块;

② 盐度模块;

③ 惯导模块;

④LoRa 模块;

⑤ 模拟海洋通信系统模块;

⑥ 信号处理与探测信号显示模块。

更换模块需要专用工具,为便于管理,该步骤可由老师在课前完成。

(2) 加电。

打开系统电源开关,通过液晶显示和模块运行指示灯状态,观察实验箱加电是否正常。若加电状态不正常,请立即关闭电源,查找异常原因。

2.实验数据观测

(1) 编写代码。

打开 keil5,参考所给例程独立编写使用各模块的代码,实现功能。

(2) 烧写程序。

代码编写完成后,用 USB 线连接 J - Link 仿真器和电脑,并把 J - Link 仿真器和各模块所在 STM32 连接,最后下载程序至单片机。

(3) 观察数据。

① 配置计算机网络地址,每一套设备的 IP 都有区别,参考配置文件。

② 打开上位机,进入数据显示界面,观察 pH 电极、电导电极和惯导模块所在位置的温度并记录下来。

(4) 实验结束。

实验结束,关闭电源,并按要求放置好实验附件和实验模块。

6.3.5 实验报告要求

(1) 画出多传感器海水温度测量的通信方框图。

(2) 画出 DS18B20 一次温度读取流程图。

6.4 海洋环境判断与感知

6.4.1 实验目的

(1) 温度、盐度、pH 值等多信息采集。

(2) 信息融合,进行环境判断。

6.4.2 实验仪器/模块

(1) 实验模块。

① 信号处理与探测信号显示模块。

② 模拟海洋通信系统模块。

③ pH 值模块。

④ 盐度模块。

⑤ 惯导模电。

⑥ LoRa 模块。

⑦ 水深水压模块。

⑧ 风力模块。

⑨ 雨量模块。

⑩ GSP 模块。

⑪ 激光雷达模块。

⑫ 图像模块。

⑬ 激光测距模块。

(2)J - Link 仿真器(二次开发)。

(3)PC 机(二次开发)。

6.4.3 实验原理

结合海洋通信系统实验平台所有的模块,汇总融合所有传感器信息并在上位机上显示出来。具体通信流程如下。

LoRa 节点将数据上传至 LoRa 网关(模拟海洋通信系统),然后可由四种传输方式将数据上传至接收端(信号处理与探测信号显示模块),最后由网络传送至计算机并在上位机显示出来。

6.4.4 实验内容及步骤

1.实验准备

(1) 放置有关实验模块。

在关闭系统电源的情况下,按要求放置海洋通信系统实验平台所有模块(已放置的可跳过该步骤)。

更换模块需要专用工具,为便于管理,该步骤可由老师在课前完成。

(2) 加电。

打开系统电源开关,通过液晶显示和模块运行指示灯状态,观察实验箱加电是否正常。若加电状态不正常,请立即关闭电源,查找异常原因。

2.实验数据观测

(1) 编写代码。

打开 keil5,参考所给例程独立编写所有模块的代码,实现功能。

(2) 烧写程序。

代码编写完成后,用 USB 线连接 J - Link 仿真器和电脑,并把 J - Link 仿真器分别和各模块所在 STM32 连接,最后下载程序至单片机。

(3) 观察数据。

① 配置计算机网络地址,每一套设备的 IP 都有区别,参考配置文件。

② 打开上位机,进入数据显示界面,观察当前水箱各方面参数(pH 值、盐度、电导率、水压、风速、雨量等),进行水箱环境判断。

3.实验结束

实验结束,关闭电源,并按要求放置好实验附件和实验模块。

6.4.5 实验报告要求

(1) 画出海洋通信系统实验平台的通信方框图。

(2) 根据上位机显示的信息,分析判断水箱的环境质量水平。

6.5 基于 9 轴惯导的船舶状态监测实验

6.5.1 实验目的

(1) 掌握使用 9 轴惯导监测船舶状态的方法。

(2) 掌握船舶运动状态显示方法。

(3) 学习和掌握海洋通信实验平台。

6.5.2 实验模块

(1) 惯导模块。
(2)LoRa 模块。
(3) 惯导传感器。
(4)J - Link 仿真器(二次开发)。
(5)PC 机(二次开发)。

6.5.3 惯导传感器的介绍

惯性导航技术通过陀螺和加速度计测量载体的角速率和加速度信息,经积分运算得到载体的速度和位置信息,包括平台式惯导系统和捷联惯导系统。平台式惯导系统将陀螺通过平台稳定回路控制平台跟踪导航坐标系在惯性空间的角速度;捷联惯导系统利用相对导航坐标系角速度计算姿态矩阵,把雷体坐标系轴向加速度信息转换到导航坐标系轴向并进行导航计算。该技术的发展和应用趋势以惯性导航和 GPS 卫星导航的组合导航最为典型。

JY901 姿态角度传感器模块集成高精度的陀螺仪、加速度计、地磁场传感器。采用高性能的微处理器和先进的动力学解算与卡尔曼动态滤波算法,能够快速求解出模块当前的实时运动姿态。采用先进的数字滤波技术,能有效降低测量噪声,提高测量精度。模块内部集成了姿态解算器,配合动态卡尔曼滤波算法,能够在动态环境下准确输出模块的当前姿态,姿态测量精度静态 0.05°,动态 0.1°,稳定性极高,性能甚至优于某些专业的倾角仪。模块内部自带电压稳定电路,工作电压 3.3 ~ 5 V,引脚电平兼容 3.3 V/5 V 的嵌入式系统,连接方便,支持串口和 I^2C 两种数字接口,方便用户选择最佳的连接方式。串口速率 2 400 ~ 921 600 bit/s 可调,I^2C 接口支持全速 400 kHz,最高 200 Hz 数据输出速率。输入内容可以任意选择,输出速率 0.1 ~ 200 Hz 可调节。保留 4 路扩展端口,可以分别配置为模拟输入、数字输入、数字输出、PWM 输出等功能。

JY901 姿态角度传感器模块以 MPU9250 芯片为核心。MPU9250 是一个 QFN 封装的复合芯片(MCM),它由两部分组成:一组是 3 轴加速度计和 3 轴陀螺仪;另一组则是 AKM 公司的 AK89633 轴磁力计。因此,MPU9250 是一款 9 轴运动跟踪装置,它在 3 mm × 3 mm ×1 mm 的封装中融合了 3 轴加速度、3 轴陀螺仪及数字运动处理器(Digital Motion Processor,DMP),并且兼容 MPU6515,其完美的 I^2C 方案可直接输出 9 轴的全部数据。一体化的设计、运动性的融合和时钟校准功能让开发者避开了烦琐的芯片选择和外设成本,保证最佳的性能。该芯片也为兼容其他传感器开放了辅助 I^2C 接口,如连接压力传感器。

MPU9250 具有三个 16 位加速度 A/D 输出、三个 16 位陀螺仪 A/D 输出、三个 6 位磁力计 A/D 输出。精密的慢速和快速运动跟踪提供给客户全量程的可编程陀螺仪参数选择(±250 (°)/s, ±500 (°)/s, ±1 000 (°)/s, ±2 000 (°)/s),可编程的加速度参数选择 ±2*g*, ±4*g*, ±8*g*, ±16*g*,最大磁力计可达到 ±4 800 μT。

其他业界领先的功能还有可编程的数字滤波器,40 ~ 85 ℃ 时带高精度的1% 的时钟漂移,嵌入了温度传感器,并且带有可编程中断。该装置提供 I^2C 和 SPI 的接口,2.4 ~ 3.6 V 的供电电压,数字 I/O 口的电压范围为 1.71 V 到 VDD。

通信采用 400 kHz 的 I^2C 和 1 MHz 的 SPI,若需要更快的速度,可以用 SPI 在 20 MHz 的模式下直接读取传感器和中断寄存器。采用 CMOS - MEMS 的制作平台,让传感器以低成本的高性能集成在一个 3 mm × 3 mm × 1 mm 的芯片内,并且能承受住 10 000*g* 的震动冲击。

MPU9250 陀螺仪由三个独立检测 *X*、*Y*、*Z* 轴的 MEMS 组成,利用科里奥利效应来检测每个轴的转动(一旦某个轴发生变化,相应的电容传感器会发生相应的变化,产生的信号被放大、滤波,最后产生与角速率成正比的电压,然后将每一个轴的电压转换成 16 位的数据),各种速率(±250 (°)/s, ±500 (°)/s, ±1 000 (°)/s, ±2 000 (°)/s) 都可以被编程。ADC 的采样速率也是可编程的,每秒 3.9 ~ 8 000 个,用户还可选择是否使用低通滤波器来滤掉多余的杂波。

MPU9250 的三轴加速度也是单独分开测量的。根据每个轴上的电容来测量轴的偏差度,其在结构上降低了各种因素造成的测量偏差。当被置于平面上时,它会测出 *X* 轴和 *Y* 轴上为 0*g*,*Z* 轴上为 1*g* 的重力加速度。加速度计的校准是根据工厂的标准来设定的,电源电压也许不一样。每一个传感器都有专门的 ADC 来提供数字性的输出。输出的范围通过编程从 ±2*g* 到 ±16*g* 可调。

三轴磁力计采用高精度的霍尔效应传感器,通过驱动电路、信号放大和计算电路来处理信号来采集地磁场在 *X*、*Y*、*Z* 轴上的电磁强度。每个 ADC 均可满量程(±4 800 μT) 输出 16 位数据。

运动数字处理引擎(DMP) 位于 MPU9250 内部,可以直接处理数据,减少了主控芯片的任务。

DMP 主要是释放主芯片的工作任务。一般的运行速率达到 200 Hz,可保证高速率和高精度。即使这样,主芯片在只有 5 Hz 的速率下与其通信,芯片的运速度仍然可以达到 200 Hz。DMP 可以节能,而且对节约软件结构、节约程序运行时间还是非常重要的。

惯导模块示意图如图 6.11 所示,模块的轴向在图中的右上方,向右为 *X* 轴,向上 *Y* 轴,垂直模块向外为 *Z* 轴。旋转的方向按右手法则定义,即右手大拇指指向轴向,四指弯曲的方向即为绕该轴旋转的方向。*X* 轴角度即绕 *X* 轴旋转方向的角度,*Y* 轴角度即绕 *Y* 轴旋转方向的角度,*Z* 轴角度即绕 *Z* 轴旋转方向的角度。欧拉角表示姿态时的坐标系旋转顺序定义为 *Z*—*Y*—*X*,即先绕 *Z* 轴转,再绕 *Y* 轴转,再绕 *X* 轴转。

滚转角的范围虽然是 ±180°,但实际上由于坐标旋转顺序是 *Z*—*Y*—*X*,因此在表示姿态时,俯仰角(*Y* 轴) 的范围只有 ±90°,超过 90° 后会变换到小于 90°,同时让 *X* 轴的角度大于 180°。详细原理请自行查询欧拉角及姿态表示的相关信息。

由于三轴是耦合的,因此只有在小角度时会表现出独立变化,在大角度时姿态角度会耦合变化,如当 *Y* 轴接近 90° 时,即使姿态只绕 *Y* 轴转动,*X* 轴的角度也会跟着发生较大变化,这是欧拉角表示姿态的固有问题。

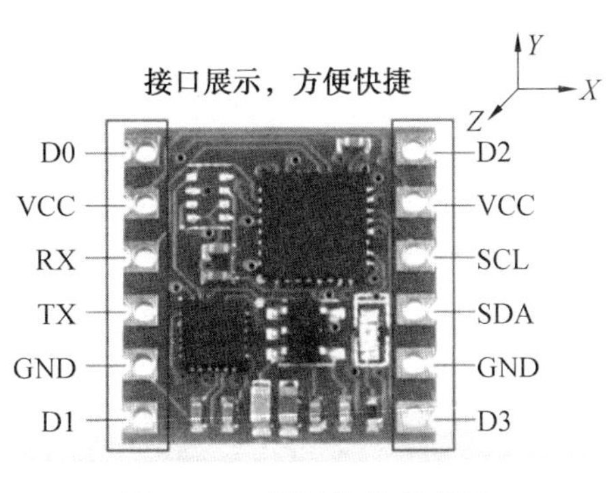

图 6.11 惯导模块示意图

6.5.4 惯导传感器的数据采集

1.采集原理

惯导传感器是通过串口和单片机通信，所以需要先初始化对应的串口，然后解析惯导模块回传的数据。因为惯导模块回传的数据较多，所以可以通过状态机分别存储到不同的结构体里。另外，欧拉角并不是通过惯导传感器直接得到的，需要通过相关的数值计算得到。

JY9019 模块集成高精度的陀螺仪、加速度计、地磁场传感器，采用高性能的微处理器和先进的动力学解算与卡尔曼动态滤波算法，能够快速求解出模块当前的实时运动姿态。其主要参数如下。

(1) 电压。3.3 ~ 5 V。

(2) 电流。小于 25 mA。

(3) 体积。15.24 mm × 15.24 mm × 2 mm。

(4) 焊盘间距。上下 100 mil(2.54 mm)，左右 600 mil(15.24 mm)。

(5) 测量维度。加速度:3 维。角速度:3 维。磁场:3 维。角度:3 维。气压:1 维(JY -901B)。GPS:3 维(接 GPS 模块)。

(6) 量程。加速度：±2*g*、±4*g*、±8*g*、±16*g*(可选)。角速度：±250(°)/s、±500(°)/s、±1 000(°)/s、±2 000 (°)/s(可选)。角度 ±180°。

(7) 稳定性。加速度 0.01*g*，角速度 0.05 (°)/s。

(8) 姿态测量稳定度。0.01°。

(9) 数据输出内容。时间、加速度、角速度、角度、磁场、端口状态、气压(JY - 901B)、高度(JY - 901B)、经纬度(需连接 GPS)、地速(需连接 GPS)。

(10) 数据输出频率。0.1 ~ 200 Hz。

(11) 数据接口。串口(TTL 电平，波特率支持 2 400 bit/s、4 800 bit/s、9 600 bit/s、19 200 bit/s、38 400 bit/s、57 600 bit/s、115 200 bit/s、230 400 bit/s、460 800 bit/s、921 600 bit/s)，I^2C(最大支持高速 I^2C 速率 400 kHz)

(12) 扩展口功能。模拟输入(0 ~ VCC)、数字输入、数字输出、PWM 输出(周期 1 ~65 535 μs，分辨率 1 μs)。

2.接线方式

陀螺仪的连接方式有串口和 I^2C 两种方式,两钟不同的通信方式使用不同的引脚。其功能描述见表6.2,可以看到陀螺仪控制用 I^2C 总线。

表 6.2 陀螺仪管脚功能描述

名称	功能
VCC	模块电源,3.3 V 或 5 V 输入
RX	串行数据输入,TTL 电平
TX	串行数据输出,TTL 电平
GND	地线
SCL	I^2C 时钟线
SDA	I^2C 数据线
D0	扩展端口 0
D1	扩展端口 1
D2	扩展端口 2
D3	扩展端口 3

(1) 串口连接。

把USB - TTL串口模块和USB - TTL连接好,再插到电脑上。模块和USB - TTL连接方法是:模块的VCC、TX、RX、GND分别与USB串口模块的 + 5 V/3 V3、RX、TX、GND对应连接,注意TX和RX需要交叉,即TX接RX,RX接TX。串口连接方式接线图如图6.12所示。

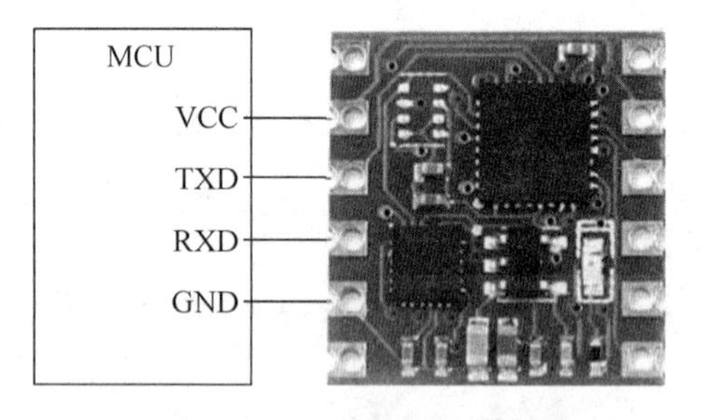

图 6.12 串口连接方式接线图

(2) I^2C 连接。

为在 I^2C 总线上挂接多个模块,模块的 I^2C 总线是开漏输出的,MCU在连接模块时需要将 I^2C 总线通过一个4.7 kΩ的电阻上拉到VCC。单片机内部上拉为弱上拉,驱动能力有限,需要硬件上的外部上拉。

3.采集参考代码

9轴传感器包括3轴加速度计、3轴陀螺仪、3轴磁力计。从机地址为7 bit,默认地址为0 × 50。陀螺仪寄存器定义见表6.3。

表6.3 陀螺仪寄存器定义

地址值	名称	含义
0x34	AX	X 轴加速度地址值
0x35	AY	Y 轴加速度地址值
0x36	AZ	Z 轴加速度地址值
0x37	GX	X 轴角速度地址值
0x38	GY	Y 轴角速度地址值
0x39	GZ	Z 轴角速度地址值
0x3a	HX	X 轴磁场地址值
0x3b	HY	Y 轴磁场地址值
0x3c	HZ	Z 轴磁场地址值
0x3d	Roll	X 轴角度地址值
0x3e	Pitch	Y 轴角度地址值
0x3f	Yaw	Z 轴角度地址值

4.I^{2}C 写入

I^{2}C 写入的时序数据格式如下：

IICAddr < < 1 RegAddr Data1L Data1H Data2L Data2H ……

首先，I^{2}C 主机向 JY－901 模块发送一个 Start 信号，再将模块的 I^{2}C 地址 IICAddr 写入，再写入寄存器地址 RegAddr，再顺序写入第一个数据的低字节和第一个数据的高字节。如果还有数据，可以继续按照先低字节后高字节的顺序写入。当最后一个数据写完以后，主机向模块发送一个停止信号，让出 I^{2}C 总线。

当高字节数据传入 JY－901 模块后，模块内部的寄存器将更新并执行相应的指令，同时模块内部的寄存器地址自动加1，地址指针指向下一个需要写入的寄存器地址，这样可以实现连续写入。

5.I^{2}C 读取

I^{2}C 读取的时序数据格式如下：

IICAddr < < 1 RegAddr (IICAddr < < 1) | 1 Data1L Data1H Data2L Data2H ……

首先，I^{2}C 主机向 JY－901 模块发送一个 Start 信号，再将模块的 I^{2}C 地址 IICAddr 写入，再写入寄存器地址 RegAddr，主机再向模块发送一个读信号(IICAddr < < 1) | 1。如果是默认地址 0x51，那么发送的数据为 0xa1。此后模块将按照先低字节、后高字节的顺序输出数据，主机需在收到每一个字节后拉低 SDA 总线，向模块发出一个应答信号，待接收完指定数量的数据以后，主机不再向模块回馈应答信号，此后模块将不再输出数据，主机向模块再发送一个停止信号，以结束本次操作。

(1) 加速度输出。

0x550x51AxLAxHAyLAyHAzLAzHTLTHSUM

计算方法：

ax = ((AxH < < 8) | AxL)/32768 * 16g(g 为重力加速度,可取 9.8 m/s^2)

ay = ((AyH < < 8) | AyL)/32768 * 16g(g 为重力加速度,可取 9.8 m/s^2)

az = ((AzH < < 8) | AzL)/32768 * 16g(g 为重力加速度,可取 9.8 m/s^2)

温度计算公式:

T = ((TH < < 8) | TL)/100℃

校验和:

Sum = 0x55 + 0x51 + AxH + AxL + AyH + AyL + AzH + AzL + TH + TL

(2) 角速度输出。

0x550x52wxLwxHwyLwyHwzLwzHTLTHSUM

计算方法:

wx = ((wxH < < 8) | wxL)/32768 * 2000(°/s)

wy = ((wyH < < 8) | wyL)/32768 * 2000(°/s)

wz = ((wzH < < 8) | wzL)/32768 * 2000(°/s)

温度计算公式:

T = ((TH < < 8) | TL)/100℃

校验和:

Sum = 0x55 + 0x52 + wxH + wxL + wyH + wyL + wzH + wzL + TH + TL

(3) 角度输出。

0x550x53RollLRollHPitchLPitchHYawLYawHTLTHSUM

计算方法:

滚转角(X 轴)Roll = ((RollH < < 8) | RollL)/32768 * 180(°)

俯仰角(Y 轴)Pitch = ((PitchH < < 8) | PitchL)/32768 * 180(°)

偏航角(Z 轴)Yaw = ((YawH < < 8) | YawL)/32768 * 180(°)

温度计算公式:

T = ((TH < < 8) | TL)/100℃

校验和:

Sum = 0x55 + 0x53 + RollH + RollL + PitchH + PitchL + YawH + YawL + TH + TL

(4) 磁场输出。

0x550x54HxLHxHHyLHyHHzLHzHTLTHSUM

计算方法:

磁场(X 轴)Hx = ((HxH < < 8) | HxL)

磁场(Y 轴)Hy = ((HyH < < 8) | HyL)

磁场(Z 轴)Hz = ((HzH < < 8) | HzL)

温度计算公式:

T = ((TH < < 8) | TL)/100℃

校验和:

Sum = 0x55 + 0x54 + HxH + HxL + HyH + HyL + HzH + HzL + TH + TL

(5) 四元素输出。

0x550x59Q0LQ0HQ1LQ1HQ2LQ2HQ3LQ3HSUM

计算方法：

Q0 = ((Q0H << 8) | Q0L)/32768

Q1 = ((Q1H << 8) | Q1L)/32768

Q2 = ((Q2H << 8) | Q2L)/32768

Q3 = ((Q3H << 8) | Q3L)/32768

校验和：

Sum = 0x55 + 0x59 + Q0L + Q0H + Q1L + Q1H + Q2L + Q2H + Q3L + Q3H

说明如下。

① 数据是按照16进制方式发送的，不是ASCII码。

② 每个数据分低字节和高字节依次传送，二者组合成一个有符号的short类型的数据。假设Data为实际的数据，DataH为其高字节部分，DataL为其低字节部分，那么Data = (short)(DataH << 8 | DataL)。一定要注意DataH需要先强制转换为一个有符号的short类型的数据以后再移位，并且Data的数据类型也是有符号的short类型，这样才能表示出负数。

6.5.5 欧拉角输出

```
voidQuaternionToEuler(xGD * ex)
{
constdoubleEpsilon = 0.0009765625f;
constdoubleThreshold = 0.5f - Epsilon;
doubleTEST = 0;
struct
{
floatw;
floatx;
floaty;
floatz;
}q;
q.w = ex -> q0;
q.x = ex -> q1;
q.y = ex -> q2;
q.z = ex -> q3;
TEST = q.w * q.y - q.x * q.z;
if(TEST < - Threshold || TEST > Threshold)// 奇异姿态,俯仰角为 ±90°
{
intsign = Sign(TEST);
```

```
xgd.euler_z =- 2 * sign * (double)atan2(q.x,q.w) * 180/PI;//yaw
xgd.euler_y = sign * 90;//pitch
xgd.euler_x = 0;//roll
}
else
{
ex -> euler_x = atan2(2 * (q.y * q.z + q.w * q.x),q.w * q.w - q.x * q.x - q.y * q.y +
q.z * q.z) * 180/PI;
ex -> euler_y = asin( - 2 * (q.x * q.z - q.w * q.y)) * 180/PI;
ex -> euler_z = atan2(2 * (q.x * q.y + q.w * q.z),q.w * q.w + q.x * q.x - q.y * q.y -
q.z * q.z) * 180/PI;
}
}
```

6.5.6 实验内容及步骤

1.实验准备

(1) 放置有关实验模块。

在关闭系统电源的情况下,按要求放置下列实验模块(已放置的可跳过该步骤):

① 惯导模块;

② 惯导传感器;

③LoRa 模块。

更换模块需要专用工具,为便于管理,该步骤可由老师在课前完成。

(2) 加电。

打开系统电源开关,通过液晶显示和模块运行指示灯状态,观察实验箱加电是否正常。若加电状态不正常,请立即关闭电源,查找异常原因。

(3) 选择实验内容。

在液晶上根据功能菜单选择基础实验项目 → 惯导,进入惯导实验页面。

2.实验数据观测

在数据观测页面将会显示传感器返回的实时情况,根据设置,观测页面上将会显示加速度、角速度、角度、磁场、四元素和欧拉角。操作步骤如下。

(1) 模块操作过程。

将惯导传感器插在对应的模块上,移动惯导传感器,并偏转一定的角度,观察返回的值的变化。

(2) 记录实验数据于表 6.4。

表 6.4 实验数据记录

实验序号	加速度	角速度	角度	磁场	四元素	欧拉角

续表6.4

实验序号	加速度	角速度	角度	磁场	四元素	欧拉角

3.二次开发

(1) 编写代码。

打开 keil5,参考所给例程独立编写使用深度传感器的代码,实现功能,并尝试能否计算得到的欧拉角,通过程序逆推得到输入的四元素。

(2) 烧写程序。

代码编写完成后,用 USB 线连接 J - Link 仿真器和电脑,并把 J - Link 仿真器和深度传感器所在 STM32 连接,最后下载程序至单片机。

(3) 观察数据。

观察得到的数据,与之前测得的数据比较,查看是否相同。把逆推出的数据和惯导模块测到的数据进行比较,查看是否相同。

4.实验结束

实验结束,关闭电源,并按要求放置好实验附件和实验模块。

6.5.7 实验报告要求

(1) 简述如何使用惯导检测船舶状态。

(2) 完成实验中的测量并记录下惯导模块处于不同状态下接收到的数值。

(3) 尝试自己编写代码完成对惯导模块的使用。

6.6 基于激光测距的船只避障监测实验

6.6.1 实验目的和软件

(1) 掌握利用激光测距原理来测量船只距离的方法。

(2) 总结不同材料对激光测距准确性的影响。

(3) 海洋通信实验平台。

(4) 实验模块。

① 激光测距模块。

②LoRa 模块。

(5)J - Link 仿真器(二次开发)。

(6)PC 机(二次开发)。

6.6.2 激光测距的概念和测量原理

激光测距(Laser Distance Measuring)以激光器为光源进行测距,根据激光工作的方式分为连续激光器和脉冲激光器。氦氖、氩离子、氪镉等气体激光器工作于连续输出状态,用于相位式激光测距;双异质砷化镓半导体激光器用于红外测距;红宝石、钕玻璃等固体激光器用于脉冲式激光测距。激光测距仪具有激光的单色性好、方向性强等特点,电子线路半导体化集成化,与光电测距仪相比,其不仅可以日夜作业,而且能提高测距精度。激光测距原理为测出传输时间。

激光传感器工作时,先由激光二极管对准目标发射激光脉冲,经目标反射后激光向各方向散射。部分散射光返回到传感器接收器,被光学系统接收后成像到雪崩光电二极管上。雪崩光电二极管是一种内部具有放大功能的光学传感器,因此它能检测极其微弱的光信号。记录并处理从光脉冲发出到返回被接收所经历的时间,即可测定目标距离。传输时间激光传感器必须极其精确地测定传输时间,因为光速太快。例如,光速约为 3×10^8 m/s,要想使分辨率达到 1 mm,则传输时间测距传感器的电子电路必须能分辨出以下极短的时间:$0.001\ \text{m}/(3\times10^8\ \text{m/s}) = 3\ \text{ps}$。分辨出 3 ps 的时间是对电子技术提出的过高要求,实现起来造价太高。但是如今廉价的传输时间激光传感器巧妙地避开了这一障碍,利用一种简单的统计学原理,即平均法,实现了1 mm 的分辨率,并且能保证响应速度。

对不同的测量目标和测量环境,环境光强度过大、环境温度过高或者过低、目标反光过弱或过强、目标表面粗糙不平都可能引起测程缩短或者对测量结果产生较大误差。

自主开发的 USB - TTL/STC - ISP 在线编程器使用 USB 接口,为笔记本电脑用户。

(1) 输出型号类别。 数字传感器。

(2) 工作原理。光电传感器。

(3) 适用场景。室内室外。

(4) 传感器类别。速度传感器。

(5) 质量。60 g。

(6) 工作电流。1 A。

(7) 工作电压。3.3 V。

(8) 测量范围。0.03 ~ 80 m。

(9) 测量精度(标准差)。 ±1 mm。

(10) 距离单位。m。

(11) 激光类型。635 nm。

(12) 激光等级。Ⅱ 级, < 1 mW。

(14) 在距离 m 处光斑直径。6 mm@10 m,30 mm@50 m。

(15) 防护等级。IP40。

(16) 工作温度。 -20 ~ 70 ℃。

(17) 储存温度。 -20 ~ 80 ℃。

(18) 尺寸(长 × 宽 × 高)。4.5 cm × 3.8 cm × 1.5 cm。

激光测距传感器示意图如图 6.13 所示。

图 6.13　激光测距传感器示意图

6.6.3 激光测距传感器的数据采集

1.采集原理

激光测距传感器是通过串口和单片机通信,所以需要先初始化对应的串口,然后解析激光测距传感器回传的数据,错误的就舍弃,正确的就保存下来。

2.采集参考代码

```
/ * * 连续测量(1 mm)ADDR0683"3X3X3X2E3X3X3X"CS 正确返回
ADDR0683"'E''R''R'' - '' - ''3X''3X'"CS 错误返回 * */

// 通过串口接收并筛选出激光测距传感器回传的距离,然后合并后进行存储,等待
发送
voidUSART3_IRQHandler(void)
{
u8res,i,sum;
staticu8state = 0;
if(USART_GetITStatus(USART3,USART_IT_RXNE)! = RESET)// 接收到数据
{
res = USART_ReceiveData(USART3);
switch(state)
{
case0:
if(res == 0x80)
{
state = 1;
USART3_RX_BUF[rx_ptr ++] = res;
}
else
{
```

```
state = 0,rx_ptr = 0;
}
break;
case1:
if(res == 0x06)
{
state = 2;
USART3_RX_BUF[rx_ptr ++] = res;
}
else
{
state = 0,rx_ptr = 0;
}
break;
case2:
if(res == 0x83)
{
state = 3;
USART3_RX_BUF[rx_ptr ++] = res;
}
else
{
state = 0,rx_ptr = 0;
}
break;
case3:
if(rx_ptr < 11)
{
USART3_RX_BUF[rx_ptr ++] = res;
}
else
{
USART3_RX_BUF[rx_ptr] = res;
for(sum = 0,i = 0;i < 10;i ++)
{
sum += USART3_RX_BUF[i];
}
sum = ( ~ sum) + 1;
```

```
if(sum == USART3_RX_BUF[10])//cs
{
if(strstr((constchar * )USART3_RX_BUF,"ERR") == NULL)
{
disatance_f = (float)(USART3_RX_BUF[3] - 0x30) * 100.0 + (float) (USART3 _ RX _
BUF[4] - 0x30) * 10.0 + (float)(USART3_RX_BUF[5] - 0x30) + (float) (USART3 _ RX _
BUF[7] - 0x30) * 0.1 + (float)(USART3 _ RX _ BUF[8] - 0x30) * 0.01 + (float)(USART3 _
RX _ BUF[9] - 0x30) * 0.001;
}
}
state = 0,rx_ptr = 0;
}
break;
default:
state = 0,rx_ptr = 0;
break;
}
}
}
```

6.6.4 实验内容及步骤

1.实验准备

(1) 放置有关实验模块。

在关闭系统电源的情况下,按要求放置下列实验模块(已放置的可跳过该步骤):

① 激光测距模块;

②LoRa 模块。

更换模块需要专用工具,为便于管理,该步骤可由老师在课前完成。

(2) 加电。

打开系统电源开关,通过液晶显示和模块运行指示灯状态,观察实验箱加电是否正常。若加电状态不正常,请立即关闭电源,查找异常原因。

(3) 选择实验内容。

在液晶上根据功能菜单选择基础实验项目 → 激光测距,进入激光测距实验页面。

2.实验数据观测

在数据观测页面将会显示传感器返回的实时情况,在只改变距离情况下查看距离的不同,或者在距离不变的情况下改变被测物体的材质,观察测量距离有没有变化。操作步骤如下。

(1) 模块操作过程。

在保证介质和所测量物体不变的情况下改变物体到传感器的距离,查看返回数值的变化;在保证实际距离和传输介质不变的情况下改变所测量物体的材质,查看返回数值的变化(可以先用尺子量出所测物体和激光传感器的实际距离,用来与测量距离比较)。

(2) 记录实验数据于表6.5。

表6.5 实验数据记录

实验序号	实际距离	测量距离	被测物体材质

3.二次开发

(1) 编写代码。

打开keil5,参考所给例程独立编写使用激光测距传感器的代码,实现功能。

(2) 烧写程序。

代码编写完成后,用USB线连接J-Link仿真器和电脑,并把J-Link仿真器和深度传感器所在STM32连接,最后下载程序至单片机。

(3) 观察数据。

观察得到的数据,与之前测得的数据比较,查看是否相同。根据所得的数据总结出激光测距模块每一次回传数据的格式,包括正确回传的数据格式和错误回传的数据格式,思考为什么要设定成这么回传数据。

(4) 实验结束。

实验结束,关闭电源,并按要求放置好实验附件和实验模块。

6.6.5 实验报告要求

(1) 简述激光测距的原理。

(2) 完成实验中的测量并记录下所测量物体的材质距离。

(3) 总结不同材料对激光测距准确性的影响。

6.7 基于激光雷达的水面船舶航迹监测实验

6.7.1 实验目的

(1) 了解激光雷达的应用与参数范围。

(2) 掌握激光雷达旋转一圈数据获取与解析。

6.7.2 实验模块

(1) 海洋通信实验平台。

(2) 实验模块。

①激光测距模块。

②LoRa 模块。

(3)J - Link 仿真器(二次开发)。

(4)PC 机(二次开发)。

6.7.3 激光雷达简介

Delta - 2A 激光雷达是一款新一代低成本、低功耗二维激光雷达。激光雷达传感器示意图如图 6.14 所示。该传感器应用了光学三角测距原理,并结合了无线输电和无线通信技术,突破了传统激光雷达的寿命限制,实现了长时间可靠的稳定运行。Delta - 2A 激光雷达可以实现在 2D 平面的 8 m 半径范围内进行 360° 全方位扫描,采样频率高达 2 ~ 5 kHz 并产生所在空间的平面点云地图信息。这些云地图信息可用于地图测绘、机器人定位导航、物体/环境建模等实际应用中。

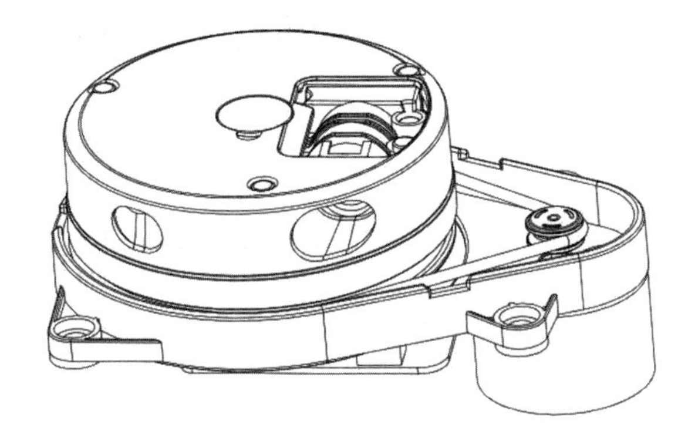

图 6.14 激光雷达传感器示意图

Delta - 2A 系列激光雷达典型旋转频率为 4 ~ 10 Hz(360 r/min),在典型旋转频 LoRa 率下可以实现 0.3° ~ 0.8° 的角度分辨率。Delta - 2A 系列激光雷达在各种室内环境及无日光直接照射的室外环境下均表现出色,同时每一台激光雷达均在出厂前经过了严格检测,确保所发射激光功率符合 FDA Class Ⅰ 人眼安全等级,确保对人类及宠物的安全性。

Delta - 2A 雷达均匀扫描一周后,一圈被分为 16 帧上报信息,每帧起始角度分别为 0°、22.5°、45°、67.5°、90°、…、270°、292.5°、315、337.5°、360°。16 帧数据加起来是完整一圈,一圈的总点数 = 16 × 每帧的点数,每帧的总点数根据扫描信息帧计算距离个数可以得到(距离个数 = 总点数)。每帧数据点的信息(角度和距离):一帧中第 N 个点的距离是扫描信息帧中 N 距离值,一帧中第 N 个点距离对应的角度 = 此帧起始角度 + $(N - 1) \times$ 22.5/(每帧的总点数)。

6.7.4 激光雷达模块的数据接收与解析

1.接收与解析

激光雷达模块通过串口和单片机通信,所以需要先初始化对应的串口,然后解析激光雷达模块回传的数据,错误的就舍弃,正确的就保存下来。常用的策略是接收并解析到完全一圈数据后保存下来然后上传至网关。当然,实验人员也可以每次解析完一帧(一圈包含16帧）就上传。

2.例程中激光雷达解析代码

因篇幅较多,请参考voidttldeal_A2(void)解析函数。

(1)引脚定义。

Delta - 2A系列激光雷达使用5针插头,其引脚信号定义如图6.15所示。

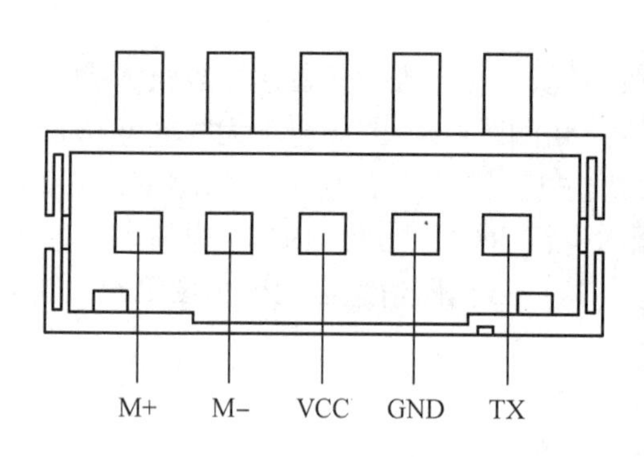

图6.15 Delta - 2A引脚信号定义

Delta - 2A引脚功能描述见表6.6,可以看出需要5 V电源。

表6.6 Delta - 2A **引脚功能描述**

名称	定义	含义	最小电压	常态电压	最大电压
M +	电机供电	电机电源正	2.5 V	3.3 V	5 V
M -	电机供电	电机电源负	0 V	0 V	0 V
VCC	雷达供电	雷达电源正	4.8 V	5 V	5.5 V
GND	雷达供电	雷达电源负	0 V	0 V	0 V
TX	数据输出	测量数据串口输出	0 V	3.3 V	3.5 V

(2)工作原理。

Delta - 2A系列激光雷达采用光学三角测距技术,配合自主研发的精密光学视觉采集处理机构,可进行每秒高达5 kHz的测距动作。每次测量过程中,激光雷达发射经过调制的红外激光信号,该激光信号经目标物体漫反射后被激光雷达的光学视觉采集系统接收,然后经Delta - 2A激光雷达内部的MCU处理器实时数据处理,计算出目标物体到激光雷达的距离及当前的夹角,通过通信接口输出给外部设备。

(3)规格参数。

Delta - 2A规格参数见表6.7。

表6.7 Delta - 2A **规格参数**

参数	Delta - 2A规格
量程	0.15 ~ 8 m(反射率80%)
采样率	2 ~ 5 kHz/s
扫描频率	4 ~ 10 Hz

续表6.7

参数	Delta - 2A 规格
激光波长	780 nm
激光功率	3 mV(最大功率)
测量精度	< 1%@8 m
测量分辨率	0.25 mm
角度分辨率	0.3° ~ 0.8°
通信接口	UART(3.3 V TTL)
额定功耗	2.5 W
工作电压	测距部分 DC 5 V 电机驱动 DC 3.3 V
启动电流	600 mA
工作电流	500 mA
体积	ϕ108 mm × 76 mm × 51 mm
质量	(185 ±2) g
水平度	< 1°
工作温度	0 ~ 45 ℃
环境光强	< 1 000 lx
环境湿度	< 90%

(4) 通信协议。

Delta - 2A 通信接口见表 6.8。

表 6.8 Delta - 2A 通信接口

波特率	230 400 bit/s
工作模式	8 位数据,1 位停止位,无校验
输出高电平	2.9 ~ 3.5 V
输出低电平	< 0.4 V

Delta - 2A 命令帧格式见表 6.9。

表 6.9 Delta - 2A 命令帧格式

帧头	帧长度	协议版本	帧类型	命令字	参数长度	参数	检验码

① 帧头。 帧头字段占用 1 B,固定为 0xAA。

② 帧长度。帧长度字段占用 2 B,帧长度的计算是从帧头开始,到校验码前一字节,高位在前,低位在后。

③ 协议版本。地址码字段占用 1 B,默认为 0x00。

④ 帧类型。帧类型字段占用 1 B,固定为 0x61。

⑤ 命令字。命令字字段占 1 B,是区分不同命令的标识符。

⑥ 参数长度。参数长度字段占 2 B,是数据帧中有效数据的长度,高位在前,低位在后。

⑦ 参数。参数字段是命令的有效数据。

⑧ 校验码。 校验码字段是 16 位的累加和,占 2 B,高位在前,低位在后,计算为从帧头开始到校验码前一字节累加起来的和。

Delta - 2A 命令字含义见表 6.10。

表 6.10 Delta - 2A 命令字含义

命令字	描述	参数长度	参数描述
0xAD	测量信息	$(3N+5)$ B	0 B:雷达转速值,8 bit 无符号数,最小分辨率为 0.05 r/s(即转速数值为 1,对应转速是 0.05 r/s)。 1 ~ 2 B:零点偏移量,16 bit 有符号数,高位在前, 低位在后,最小辨率为 0.01°。 3 ~ 4 B: 本数据帧启始角度值,16 bit 无符号数,高位在前,低位在后。 5 B:距离值 1 对应的信号值,8 bit 无符号数。 6 ~ 7 B: 距离值 1,16 bit 无符号数,高位在前,低位在后。 8 B: 距离值 2 对应的信号值,8 bit 无符号数(信号值:雷达调试信息,解析后不用)。 9 ~ 10 B: 距离值 2,16 bit 无符号数,高位在前,低位在后。 $3N+2$ B 后:距离值 N 对应的信号值,8 bit 无符号数。 $3N+3$ ~ $3N+4$ B: 距离值 N,16 bit 无符号数,高位在前,低位在后
0xAE	设备健康信息	1 B	设备转速故障。 转速值,8 bit 无符号数,最小分辨率为 0.05 r/s

(5) 编程应用。

Delta - 2A 激光雷达是通过 UART TTL 电平与外部设备通信的,仅支持单工通信(即激光雷达主动发数据帧到外部设备),外部设备只需从数据帧中提取有效数据即可,不需要做任何回应,通信帧中的所有数据都是 16 进制格式数。编程应用只需通过串口接收数据并按上述帧格式解析数据。

6.7.5 实验内容及步骤

1.实验准备

(1) 放置有关实验模块。

在关闭系统电源的情况下,按要求放置下列实验模块(已放置的可跳过该步骤):

① 激光雷达模块;

②LoRa 模块。

更换模块需要专用工具,为便于管理,该步骤可由老师在课前完成。

(2) 加电。

打开系统电源开关,通过液晶显示和模块运行指示灯状态,观察实验箱加电是否正常。若加电状态不正常,请立即关闭电源,查找异常原因。

2.实验数据观测

(1) 编写代码。

打开 keil5,参考所给例程独立编写使用激光雷达模块的代码,实现功能。

(2) 烧写程序。

代码编写完成后,用 USB 线连接 J - Link 仿真器和电脑,并把 J - Link 仿真器和激光雷达模块所在 STM32 连接,最后下载程序至单片机。

(3) 观察数据。

进入调试模式,观察 aDelta2aFrame[ ] 数组存放的 16 帧解析后的数据,观察数据是否与激光雷达周围的障碍物匹配,注意激光雷达的测量范围和零点位置。

3.实验结束

实验结束,关闭电源,并按要求放置好实验附件和实验模块。

6.7.6 实验报告要求

(1) 简述激光雷达的工作原理及 Delta - 2A 模块输出的数据格式。

(2) 激光雷达在应用上需要注意什么?

(3) 激光雷达适合怎样的通信方式?

本章参考文献

[1] 谢文睿,秦州.机器学习公式详解[M].北京:人民邮电出版社,2021.

[2] 杜选民,周胜增,高源.声纳阵列信号处理技术[M].北京:电子工业出版社,2018.

[3] 理查兹.雷达信号处理基础[M].邢孟道,王彤,李真芳,等译.2 版.北京:电子工业出版社,2019.

[4] 洪一,陈伯孝,王小谟,等.雷达信号处理芯片技术[M].北京:国防工业出版社,2017.

[5] 朱立东,吴廷勇,卓永宁.卫星通信导论[M].4 版.北京:电子工业出版社,2015.

[6] 李海凤.船舶导航系统安装与操作[M].北京:北京理工大学出版社,2014.

[7] 杨高科.图像处理、分析与机器视觉(基于 LabVIEW)[M].北京:清华大学出版社,2018.